Googleの最新AIアシスタント

Google Gemini 登場！

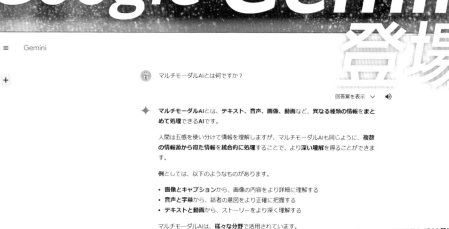

「Google Gemini」（グーグル ジェミニ）は、Googleによって開発されたAIアシスタントです。2023年3月にGeminiの前身となる「Bard」（バード）がリリースされ、2024年2月8日に「Gemini」という名称に変更されました。ほかの生成AIと比較すると、Google検索で情報を検索したり、Googleサービスと連携可能な点が特徴です。また、より高度な分析や生成を行う有料版の「Gemini Advanced」もあります。

本書では、無料で利用できる「Gemini」で使用できる機能をメインに解説しています。主な操作は、Webブラウザからアクセスして使用する「Gemini」と、スマートフォンで利用できる「Gemini」アプリを使用しています。

普段使いにも仕事にも役立つAIアシスタント!
Google Gemini の
機能を各章で解説

Chapter 1 Gemini への質問

入力フィールドにプロンプト（質問）を入力し、▷をクリックまたは Enter キーを押すとGeminiに送信され、回答が出力されます。検索機能が備わっているので、インターネット上で常に最新の情報を検出することができます。対話形式で入力したり音声入力したりといったほか、会話のスタイルを選択することも可能です。

> 東京スカイツリーは東京のどの区にありますか？
>
> 回答案を表示 ⌄ 🔊
>
> ✦ 東京スカイツリーは、東京都墨田区押上1丁目1番1号にあります。
>
> 墨田区は、東京都の東部に位置する区です。隅田川を挟んで台東区と接しており、浅草寺やスカイツリーなどの観光スポットで知られています。
>
> 東京スカイツリーは、墨田区の北部に位置し、東武スカイツリーラインの「とうきょうスカイツリー駅」や、東京メトロ半蔵門線の「押上（スカイツリー前）駅」から徒歩でアクセスできます。
>
> 東京スカイツリーは、高さ634メートルで、世界一高い自立型電波塔です。展望台からは、東京の街並みを360度のパノラマで眺めることができます。
>
> 東京スカイツリー周辺には、東京ソラマチやすみだ水族館などの商業施設や観光スポットも多く、一日中楽しめるエリアとなっています。

Chapter 2 Google サービスとの連携

GeminiはさまざまなGoogleサービスと連携して活用することができます。拡張機能をオンにすることで設定ができ、2024年6月現在では、無料版GeminiでGmail、Googleドキュメント、Googleドライブ、Googleマップ、Googleフライト、GoogleホテルYouTubeと連携が可能です。

Chapter 3 文章の作成

依頼どおりに文章を作成してくれるほか、長い文章を要約したり、書き直して編集してくれたりする機能があります。文章をチェックすることもでき、誤字脱字や表記揺れなどを手直しして書き出してくれるため、ミスが減ります。メールや書類のテンプレートも提供してくれるので多方面にわたって、さまざまな業務をサポートしてくれます。

回答案を表示 ∨ 🔊

YouTubeビジネス：エンターテインメントを超えた、多様な収益モデルとグローバルな可能性

2005年に誕生したYouTubeは、単なる動画共有サービスから進化し、エンターテインメント、教育、広告、マーケティングなど、様々な分野でビジネスチャンスを生み出すプラットフォームへと成長しました。

コンテンツ制作者にとって、YouTubeは広告収入、スポンサーシップ、製品プロモーション、Super Chatやメンバーシップによる直接収益など、多様な収益モデルを提供します。

教育機関や講師は、無料で質の高い教育コンテンツを提供することで、ブランド認知度向上、潜在顧客獲得、オンラインコース販売などに繋げることができます。

企業は、動画コンテンツを活用した製品・サービスアピール、ターゲティング広告、顧客とのエンゲージメント強化など、効果的なマーケティング戦略を展開できます。

成功には、高品質なコンテンツ制作、視聴者とのエンゲージメント、データ分析に基づく戦略構築が不可欠です。

グローバル展開も容易で、多言語字幕・説明文で世界中の視聴者にリーチし、収益拡大を図ることができます。

YouTubeは、個人や企業にとって、創造性とビジネスチャンスを無限に広げる、革新的なプラットフォームと言えるでしょう。

👍 👎 ≡ < G ⋮

Chapter 4 ビジネスでの活用

企画や事業のアイデア出しや、既存案の改善点などを提案してくれるので、新しい視点やインスピレーションを得られます。また、Excelやプログラミングなどの操作方法を教えてもらったり、コードを分析してもらったりすることもできます。ビジネス以外にも英語や試験勉強に役立てることも可能です。

回答案を表示 ∨ 🔊

60代以上の男女向けSNS旅行サービスアイデア

1. 思い出共有型コミュニティ

- 旅行中に撮影した写真や動画を投稿し、他のユーザーと共有できる。
- 同じ旅行先に行ったユーザー同士で交流したり、旅行プランを共有したりできる。
- 旅行に関する情報やアドバイスを交換できる。
- 旅の思い出を振り返り、新たな旅の計画を立てられる。

2. テーマ別旅行グループ

- 温泉、グルメ、歴史、自然など、共通の興味を持つユーザーが集まるグループを作成できる。
- グループ内で旅行プランを共有したり、一緒に旅行に行ったりできる。
- 同じ趣味を持つ仲間を見つけ、新たな旅の楽しみを発見できる。

3. シニア旅行専門ガイド

- シニア旅行に特化した旅行代理店やツアーオペレーターの情報や口コミを掲載する。
- シニア向け旅行プランを検索したり、予約したりできる。
- 旅行に関する疑問や不安を相談できる。
- 安心して旅行を楽しめるサポートを提供する。

4. オンライン旅行サロン

- 旅行に関する講演会やセミナーをオンラインで開催する。
- 旅先に関する情報や体験談を共有できる。
- 旅の仲間を見つけ、一緒に旅行を計画できる。
- 自宅にいながら、旅行気分を味わえる。

Chapter 5 スマートフォンでの活用

Geminiはパソコンだけではなく、スマートフォンでも活用できます。Androidスマートフォンの場合は「Googleアシスタント」に代わり、スマートフォンの操作をGeminiに行ってもらうことが可能です。

✦ 💬 アシスタント

15:00にアラームを設定しました。

🕐 15:00

⌨ 🎤 📷 ➤

Google Gemini
無料で使えるAIアシスタント 100% 活用ガイド

Contents

Chapter 4

ビジネスや学習で活用しよう

Chapter 5

スマートフォンで活用しよう

ご注意：ご購入・ご利用の前に必ずお読みください

まずは Google アカウントの登録から！

Google Gemini を使えるようにする

Google Gemini を使えるようにする

① 「Google」を開く

Web ブラウザを開き、検索欄に「https://www.google.co.jp/」と入力して Enter キーを押します。

② [ログイン] をクリックする

[ログイン] をクリックします。

③ アカウントを作成する

[アカウントを作成] をクリックします。

④ アカウントの種類を選択する

アカウントの種類を選択します。今回は [自分用] をクリックします。

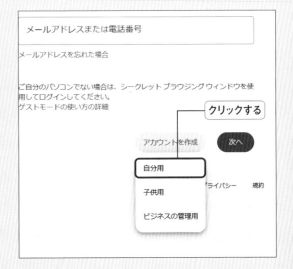

はみだし 100% すでに Google アカウントを持っている場合は、手順③でメールアドレスを入力して [次へ] をクリックし、画面の指示に従ってログインして、P.8 に進んでください。

⑤ 名前を入力する

姓と名を入力して、[次へ] をクリックします。

⑥ 生年月日と性別を入力する

生年月日と性別を入力して、[次へ] をクリックします。

⑦ メールアドレスを作成する

[自分で Gmail アドレスを作成] をクリックして、使いたいメールアドレスを入力し、[次へ] をクリックします。

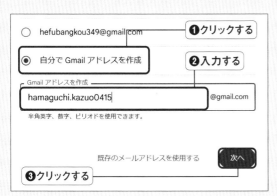

⑧ パスワードを設定する

パスワードを2回入力して、[次へ] をクリックします。

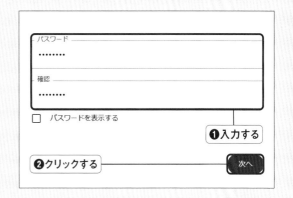

⑨ プライバシーと利用契約に同意する

[スキップ] → [次へ] の順にクリックします。「プライバシーと利用契約」をよく読み、[同意する] をクリックします。

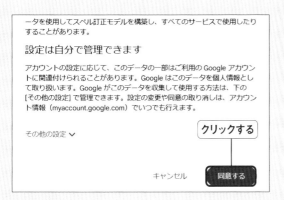

⑩ Google アカウントが作成される

Google アカウントの作成が完了し、Google の画面が表示されます。

はみだし 100% 本書では、Web ブラウザを Microsoft Edge を使用して解説していますが、Google Chrome や Safari でも操作に違いはありません。

Google Geminiを起動する

① GeminiのWebページに移動する

Webブラウザを開き、検索欄に「https://gemini.google.com/」と入力して Enter キーを押します。

入力する

② Geminiを開始する

［Geminiと話そう］をクリックします。

Gemini

創造力や生産性を高めましょう

Google AI とのチャットで、文章やリストを作成したり、計画を立てたり、新しいことを学んだりできます

Gemini と話そう — クリックする

③ 利用規約とプライバシーを読む

「利用規約とプライバシー」画面が表示されるので、よく読みながら下へスクロールします。

スクロールする

④ 利用規約とプライバシーに同意する

利用規約をすべて読んだら、［Geminiを使用］をクリックします。

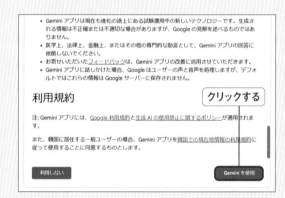

クリックする

⑤ 注意点を確認する

「Geminiへようこそ」画面が表示されるのでよく読み、［続ける］をクリックします。

クリックする

⑥ Geminiが使えるようになる

Geminiのチャット画面が表示され、Geminiを使えるようになります。

はみだし 100% 手順④で「Geminiを使用」が表示されない場合は、「利用規約とプライバシー」画面を最後までスクロールしていないので、スクロールしましょう。

無料版と有料版の違いが丸わかり

有料版のGemini Advancedとは

有料版のGemini Advanced

Geminiには有料版の「Gemini Advanced」があります。月額2,900円で利用でき、Google Oneの2TBストレージも使うことができるプランとなっています。「GPT-4」以上のAIモデルと言われている「Gemini 1.5 Pro」を搭載しており、100万トークン以上のコンテキストウィンドウが利用可能で、最大1,500ページのドキュメントを理解したり、100件のメールを同時に要約したりできるなど、無料版のGeminiより処理能力が大幅に上昇しています（無料版では最大約10万トークン）。

また、Gemini Advancedでは、2024年6月現在で無料版ではまだ利用できないGoogleスプレッドシートとの連携が可能となっており、データの処理やグラフの作成、スプレッドシートのアップロードなどができます。なお、今後の追加機能はGemini Advancedが優先して実装されることが予想されます。2か月間の無料トライアルで使用感を試すことが可能なので、多くの機能を使いたいという方は試してみるとよいでしょう。

Gemini Advanced

Google One AI プレミアム プランで
Gemini Advanced などのサービスを活
用する

¥2,900 2 か月は ¥0、その後は月額
¥2,900

最新の AI イノベーションを搭載した Gemini Advanced

✓ Google の次世代モデル、1.5 Pro を使用

✓ 100 万トークンのコンテキストウィンドウにアクセス
ス

✓ 新機能や限定機能を利用可能

この Google One メンバーシップに含まれる機能

✓ Gmail、Google ドキュメントなどの Gemini

✓ 2 TB の保存容量

✓ その他の Google One プレミアムの特典

トライアルを開始

	Gemini	Gemini Advanced
自然言語処理モデル	Gemini 1.0	Gemini 1.5 Pro
料金	無料	月額2,900円
ストレージの追加	無し	2TB
拡張機能	Googleドキュメント Googleドライブ Gmail Googleマップ Googleフライト Googleホテル YouTube	Googleドキュメント Googleスプレッドシート Googleドライブ Gmail Googleマップ Googleフライト Googleホテル YouTube

※2024年6月の時点での情報です。

はみだし 100% 有料版を試したい場合は、Geminiの画面右上の［Gemini Advancedを試す］をクリックするか、［ヘルプ］→［Gemini Advancedについて］→［2か月間無料トライアル］の順にクリックします。

ほかのAIアシスタントとの違いを知ろう！
対話型AIアシスタントの特徴を比較

AIアシスタントには、本書で紹介する「Gemini」のほか、OpneAIの「ChatGPT」やMicrosoftの「Copilot in Windows」があります。ChatGPTはOpenAIが提供する対話型AIアシスタントです。無料版ではGPT-3.5、有料版ではGPT-4という自然言語処理モデルが使用されており、テキストだけでなく音声や画像の入力を総合的に処理できるGPT-4oにも対応しました。MicrosoftのCopilotはOpenAIのGPT-4をベースに開発されているため、ChatGPTの有料版に相当する自然言語処理モデルを使えるほか、画像の生成が行える点がメリットです。有料版ではMicrosoft 365との連携も可能です。

	Gemini	Chat GPT	Copilot in Windows
特徴	Google検索による情報収集や回答、GmailなどのGoogleサービスとの連携に優れている	世界中で利用者が多く、最先端の機能を使用可能。ユーザーが作成したカスタムGPTも利用できる	Windows 11／10のデスクトップで利用。Webブラウザ版やMicrosoft 365版もある
自然言語処理モデル	Gemini 1.0	GPT-3.5 GPT-4o	GPT-4
一般的な質問の回答	○	○	○
Web検索による最新情報の回答	○	○	○
Webページの要約	○	—	○
文章の作成・編集	○	○	○
文章の要約・翻訳	○	○	○
画像の認識	○	○	○
画像の生成	—	—	○
ファイルのアップロード	—	○	—
パソコンの操作			○
スマートフォンの操作	○	—	
プログラムコードの作成	○	○	○
利用料金	無料	無料	無料
有料版	月額2,900円のGemini Advancedでは2TBのストレージが利用可能	月額20ドルのChatGPT PlusではGPT-4の利用や画像の生成が可能	月額3,200円のCopilot ProではMicrosoft 365（Officeアプリ）での利用が可能
その他	利用するにはGoogleアカウントが必要	GPT-4oの機能は利用回数の制限あり	Windows 10ではパソコンの操作は利用不可

※2024年6月の時点での情報です。

Chapter 1

Geminiの
基本操作を知ろう

Section

01

*Gemini*の画面構成を確認しよう

Geminiのプロンプト入力前の画面構成

P.8を参考にGeminiを起動すると、以下のチャット画面が起動します。この画面で、プロンプトの入力や出力された内容の閲覧を行います。

❶メニュー	メニュー画面を開いたり閉じたりすることができます（P.13参照）。
❷チャットを新規作成	新規のチャット画面を表示します（P.17参照）。
❸ヘルプ	プライバシーハブやヘルプなどを確認することができます。
❹アクティビティ	これまでの利用履歴が新規タブで表示されます。
❺設定	拡張機能の設定や、ダークモードの設定ができます。
❻例文	プロンプトに入力する例文が表示されます（P.16の上画面参照）。
❼ここにプロンプトを入力してください	テキストや画像、音声を入力するフィールドです。クリックしてプロンプトを入力し、▷をクリックまたは Enter キーを押すと、送信されます（P.13参照）。

> **はみだし 100%**　「Gemini」は、Webブラウザの右上にある「閉じる」のアイコン、もしくは表示しているタブの［タブを閉じる］をクリックすることで終了できます。

Geminiのプロンプト入力後の画面構成

プロンプトを入力して▷をクリックまたは Enter キーを押して送信すると、プロンプトに対する回答が表示されます。

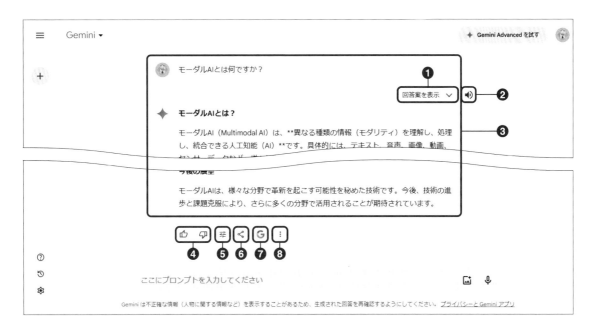

❶回答案を表示	クリックすると、別の回答案が表示されます（P.17参照）。
❷読み上げる	クリックすると、回答を音声で読み上げてくれます（P.18参照）。
❸プロンプトと回答	送信したプロンプトと回答が表示されます。
❹良い回答と 悪い回答	👍をクリックすると回答に「良い回答」アイコンが表示され、👎をクリックすると回答に「悪い回答」アイコンが表示され、評価できます（P.18参照）。
❺回答を書き換える	出力された回答を別の形式に書き換えてくれます（P.18参照）。
❻共有	出力された回答を共有できます（P.18参照）。
❼回答を再確認	出力された回答の内容をチェックすることができます（P.22参照）。
❽その他	出力された回答をコピーしたり、報告したりできます。

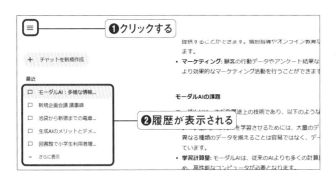

≡をクリックするとメニュー画面が開き、チャットの履歴を確認できます。表示された履歴をクリックすると、チャットの続きを行うことができます。

はみだし 100% 1つのチャット画面でできる質問数に制限はなく、会話するように続けて質問することができます。別の話題に変える場合は、新規のチャット画面で行いましょう。

Geminiに質問してみよう

Geminiに質問する

Geminiを起動し、ホーム画面下部の「ここにプロンプトを入力してください」と表示されている入力フィールドをクリックします。プロンプト（質問）を入力し、▷をクリックまたは[Enter]キーを押すと、入力した内容が送信されます。

質問

文章作成の依頼やリサーチしたい内容などを入力します。

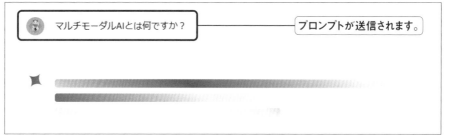

マルチモーダルAIとは何ですか？ ――――― プロンプトが送信されます。

回答

送信されたプロンプトの下に、Geminiが出力した回答が表示されます。

プロンプトに対する回答が出力されます。

マルチモーダルAIとは何ですか？

回答案を表示 ∨　🔊

✦ **マルチモーダルAIとは、テキスト、音声、画像、動画など、異なる種類の情報をまとめて処理できるAI**です。

人間は五感を使い分けて情報を理解しますが、マルチモーダルAIも同じように、**複数の情報源から得た情報を統合的に処理**することで、より**深い理解**を得ることができます。

例としては、以下のようなものがあります。

- **画像とキャプション**から、画像の内容をより詳細に理解する
- **音声と字幕**から、話者の意図をより正確に把握する
- **テキストと動画**から、ストーリーをより深く理解する

マルチモーダルAIは、**様々な分野**で活用されています。

主な活用例としては、以下のようなものがあります。

- **画像認識**
- **音声認識**
- **自然言語処理**
- **ロボット制御**
- **自動運転**
- 医療

はみだし 100%　入力フィールドに入力できるテキストは、最大2,500文字です。長文のテキストなどを貼り付けたい場合は、分割して質問しましょう。

/ 画像をアップロードして質問する

Geminiでは画像をアップロードして、その画像に対する質問をすることができます。画像の内容がわからない場合などに活用するとよいでしょう。

質問

をクリックして画像をアップロードし、質問などを入力します。
なお、初回は「ユーザーのデータについて」画面が表示されるので、内容を確認して[OK]をクリックします。

この花の名前を教えてください。

プロンプトが送信されます。

回答

画像の内容についての回答が表示されます。

この花の名前を教えてください。

プロンプトに対する回答が出力されます。

回答案を表示 ∨ ◀))

 送っていただいた画像の花は、ハイビスカスのようです。

ハイビスカスは、アオイ科フヨウ属に属する植物で、原産は主にハワイ諸島やモーリシャス島の亜熱帯地域です。鮮やかな色の花を咲かせることから、観賞用として人気があります。

画像の花は、赤色の花びらと黄色の雄しべが特徴です。花びらは5枚で、大きく開いています。葉は緑色で、ギザギザしています。

ハイビスカスには、様々な種類があり、花の色や形も様々です。一般的に赤や黄色、ピンクの花が多いですが、白や紫、オレンジなどの花もあります。また、一重咲きだけでなく、八重咲きや複弁咲きのものもあります。

ハイビスカスは、観賞用だけでなく、食用や薬用にも利用されます。花や萼は、ハーブティーやジャム、シロップなどに加工されます。また、種子は食用油やバイオ燃料の原料として利用されます。

ここにプロンプトを入力してください

はみだし 100% 1回のプロンプト入力につき、画像をアップロードできる枚数は1枚で5MBまでです。2枚以上は同時にアップロードはできません。

例文から質問する

Geminiを開くと、プロンプト入力前の画面にはいくつか例文が表示されています。この例文をクリックすると、プロンプト入力フィールドに自動的にプロンプトが入力されます。自分が聞きたい内容が例文として表示されている場合やプロンプトの入力例を知りたい場合に使うとよいでしょう。

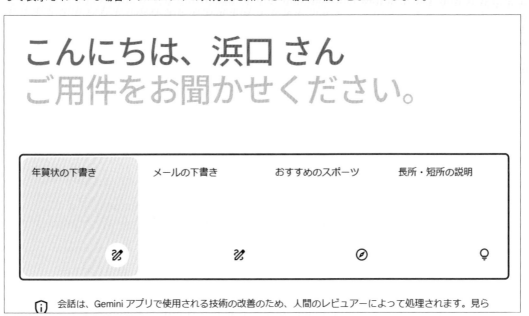

音声入力で質問する

Geminiでは、音声入力で質問できます。🎤をクリックし、マイクに向かって話すとプロンプトが作成されます。▷をクリックすると送信されます。

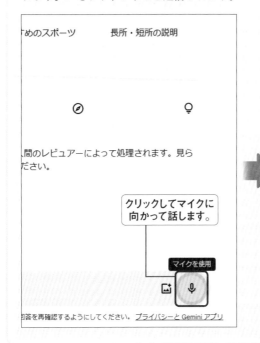

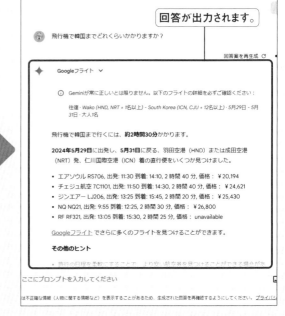

はみだし 100% P.16下の画面で🎤をクリックして、何もしゃべらずに数秒経ってしまうと音声入力が無効になってしまいます。無効になってしまった場合は、再度🎤をクリックしましょう。

応答を停止する

回答の作成中に・ をクリックすると、回答の作成を途中で停止させることができます。C をクリックすると、回答が再生成されます。

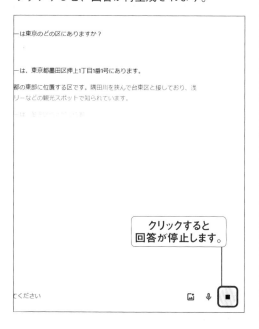

チャットの履歴を表示する

≡ をクリックすると、チャットの履歴が一覧表示されます。チャット名右の⋮ をクリックすると、チャットを固定したり、名前を変更したり、削除したりすることができます。

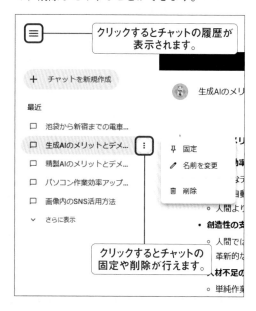

新しいチャット画面に切り替える

質問の話題が変わる場合は、新しいチャット画面を作成しましょう。+ をクリックするか、[チャットを新規作成] をクリックします。

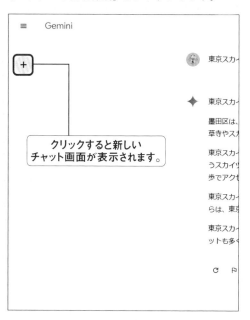

別の回答案を表示する

[回答案を表示] をクリックすると、別の回答案が表示されます。C をクリックすると、回答案が再生成されます。

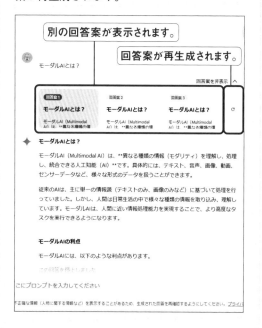

はみだし 100%　P.17右下の「別の回答案」は、内容は同じですが情報源や視点、表現などが異なります。なお、[回答案を表示] が表示されるのは最新の回答のみです。

回答を評価する

Geminiが出力した回答を評価することができます。回答が合っている場合は👍、合っていない場合は👎をクリックして評価を送信することで、今後のGeminiの回答の精度が上がる可能性があります。

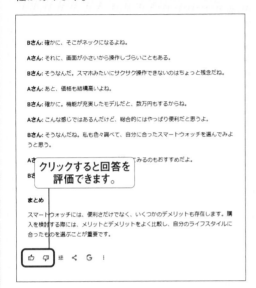

クリックすると回答を評価できます。

回答を共有する

Geminiの回答は🔗をクリックして、共有することができます。回答の公開用リンク（URL）を取得したり、回答をGoogleドキュメントに出力したり、Gmailで送信したりすることができます。

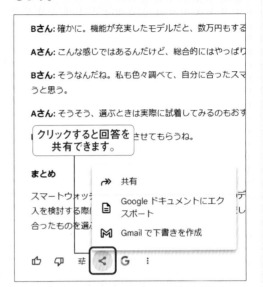

クリックすると回答を共有できます。

回答を読み上げてもらう

🔊をクリックすると、回答を音声で読み上げてもらうことができます。回答が英語の場合は、英語で読み上げられます。

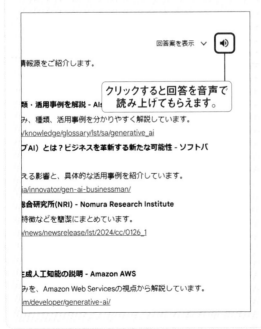

クリックすると回答を音声で読み上げてもらえます。

回答を書き換える

出力された回答は芋をクリックすると、さらに短く回答してもらったり、専門的な表現に変更してもらったりすることができます。

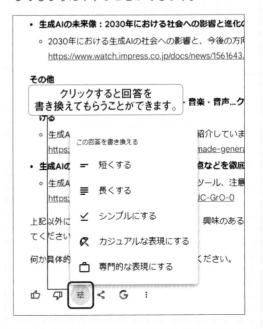

クリックすると回答を書き換えてもらうことができます。

プロンプト入力のコツを知ろう

質問内容を具体的にする

具体的に質問すると、意図に沿った回答を得られやすくなります。

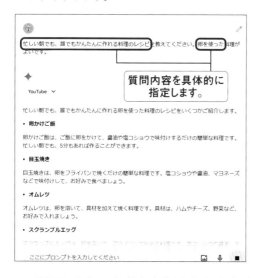

質問内容を具体的に指定します。

回答条件の範囲を絞る

数値などで回答の条件を指定することで、回答の範囲を狭めることができます。

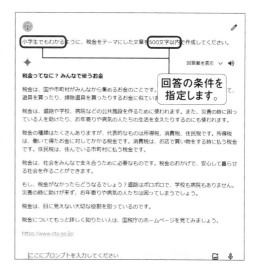

回答の条件を指定します。

多くの回答をもらう

出力してほしい回答や例の数を具体的に指定すると、多くの回答を得ることができます。

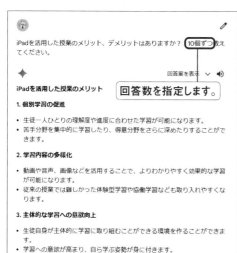

回答数を指定します。

条件を多く入力する

指定したい条件が複数ある場合は、条件を箇条書きにして多く入力すると、回答の精度が上がります。

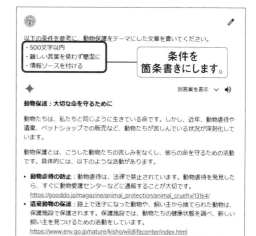

条件を箇条書きにします。

はみだし
100%

プロンプトの入力フィールドで文章を改行したい場合は、 Shift キーを押しながら Enter キーを押してください。

回答をさらに詳しく聞いてみる

入力と出力を途絶えさせることなく、立て続けに質問することで、回答を深堀りできます。

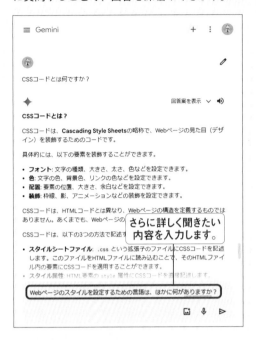

さらに詳しく聞きたい内容を入力します。

回答に対して質問する

回答に対して、単語の意味や修正方法などを質問すると理解が深まります。

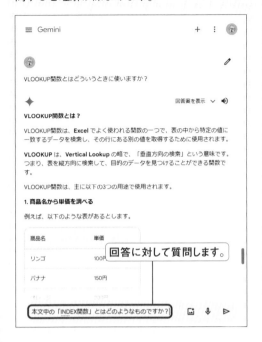

回答に対して質問します。

別の回答を聞いてみる

出力された回答内容が意図に沿わない場合は、「○○と○○を比較して」「もっとかんたんにして」などと条件を指定すると、書き直してもらえます。

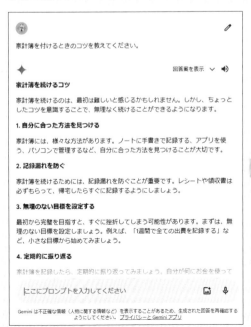

別の条件を指定します。

はみだし 100%　回答に情報ソースが付いている場合は、回答の途中または最後にリンク先が表示されます（画像がリンクになっている場合もあります）。クリックすると、新規タブでリンク先のサイトが表示されます。

ステップバイステップで回答してもらう

「ステップバイステップで回答して」と入力すると、回答内容を段階的に解説してくれます。

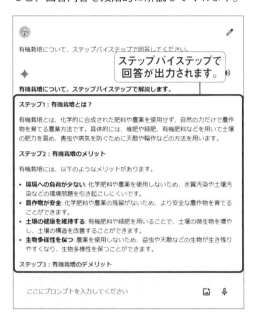

ステップバイステップで回答が出力されます。

役割を与えて回答してもらう

職種や特定の人物、シチュエーションなど、「○○になりきって」と入力すると、役割に合った回答が出力されます。

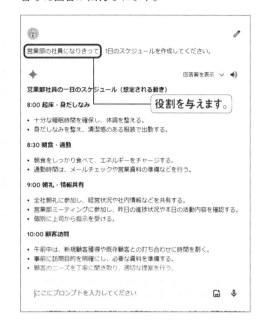

役割を与えます。

分割して質問する

プロンプトは、一度にまとめて入力するよりも、複数に分割して順を追って質問をしていったほうが、希望の回答が出力されやすくなります。

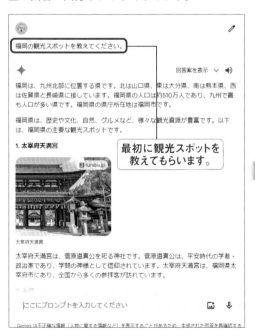

最初に観光スポットを教えてもらいます。

次に教えてもらった観光スポットを巡る観光スケジュールを組んでもらいます。

はみだし 100%　送信したプロンプトに誤りがあった場合は、表示されたプロンプトにマウスカーソルを合わせて✐をクリックすると、入力内容を編集することができます。Enter キーを押すと回答が再生成されます。

Section

04

Chapter 1　Geminiの基本操作を知ろう

Geminiを使用する際の
注意点とセキュリティ

Geminiは、Googleが提供するサービスです。コンテンツを利用するにあたっては、Googleが提示する利用規約や行動規範などが適用されます。

プライバシーとセキュリティ

Geminiにプロンプトを入力する際は、違法または有害な内容はもちろんのこと、個人が特定されるような内容や企業の機密情報などの入力は控えてください。また、偽情報や他人への嫌がらせ、プライバシーの侵害などを目的として、差別的または攻撃的な内容を作成したり、スパムまたは宣伝を行ったりすることは、禁止されています。

コンテンツの所有権

Googleでは、「ユーザーは、Geminiを使用して作成したコンテンツの所有権を保持します。ただし、GoogleはユーザーがGeminiを使用して作成したコンテンツを、Geminiサービスおよびその他のGoogleサービスで利用、公開、複製、修正、作成、翻訳、配信、表示、または送信するために必要なライセンスを付与するものとします。」としています。そのため、2024年6月現在では明確な答えを明記していません。

コンテンツの信憑性とチェック

Geminiの回答はインターネット上の情報を用いて生成されているため、意図したとおりに動作しなかったり不正確な情報を提供したりする場合があります。そのため、出力されたコンテンツを取り扱う際は、必ず情報を確認して自己責任のもとで利用してください。
Geminiでは、出力内容をチェックする機能があります。回答の下にある**G**をクリックするとチェックが行われ、ハイライト表示で結果が確認できます。緑のハイライトは記述に類似したコンテンツがあるもので、オレンジのハイライトは記述とは異なる可能性のあるコンテンツがあるものです。それぞれクリックして詳細を確認できます。

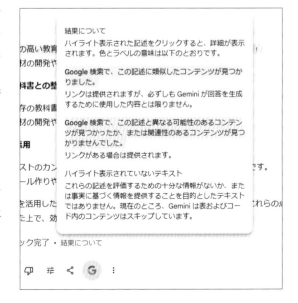

はみだし 100%　「利用規約」や「プライバシーポリシー」は、随時情報が更新されています。定期的に確認することで、違反行為を防ぐことができます。

Chapter 2

Googleサービスと
連携して活用しよう

Google サービスと連携しよう

Google サービスと連携する

Gemini ではいくつかの Google サービスと連携して、活用することができます。まずは、その拡張機能と連携できるようにしましょう。

① ⚙をクリックする

Gemini を起動して、⚙をクリックします。

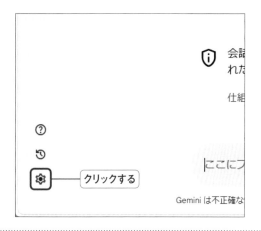

② 拡張機能を表示する

[拡張機能] をクリックします。

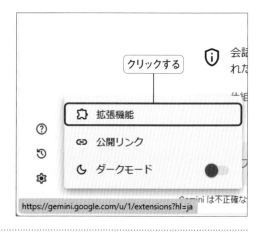

③ 拡張機能をオンにする

連携したい Google サービスの ● をクリックして、拡張機能をオンにします。

④ 接続する

「○○を接続しますか？」と表示された場合は、内容をよく読み、[接続] をクリックします。

はみだし
100%
2024年6月現在では、Google Workspace (Gmail、Google ドキュメント、Google ドライブ)、Google マップ、Google フライト、Google ホテル、YouTube と連携可能です。

「Google Workspace」（Gmail、Googleドキュメント、Googleドライブ）と連携する場合、続いて「Gmail」の設定画面での操作が必要です。

⑤ Gmailの画面で⚙をクリックする

Gmailを起動して、⚙をクリックします。

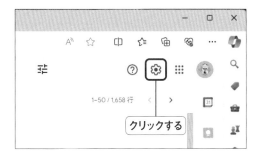

⑥ 設定画面を表示する

［すべての設定を表示］をクリックします。

⑦ スマート機能をオンにする

［スマート機能とパーソナライズをオンにする］と［他のGoogleサービスのスマート機能とパーソナライズをオンにする］をクリックしてチェックを付けます。

⑧ 設定を保存する

［パーソナライズ］をクリックして、［変更を保存］をクリックします。これでGeminiでGoogle Workspaceと連携が可能になります。

Googleサービスのプロンプトを入力する

プロンプトを入力する際に「@」を入力すると、連携可能なGoogleサービスが一覧表示されます。サービス名をクリックすると、そのGoogleサービスを使って回答を出力するように指示できます。

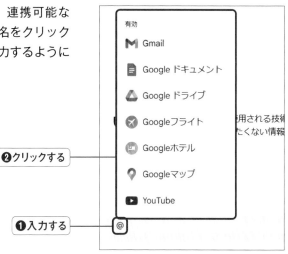

Section 06

Google ドキュメントと連携して文章を要約してもらおう

Google ドキュメントと連携して文章を要約してもらう

Google ドキュメントと連携すると、指定したファイルの内容を要約することができます。プロンプトには使用するサービス名とファル名を指定します。

指示

Google ドライブに保存されているドキュメントファイルの要約を指示します。

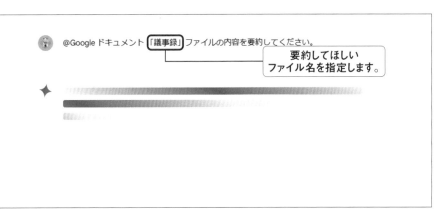

@Google ドキュメント 「議事録」ファイルの内容を要約してください。

> 要約してほしいファイル名を指定します。

回答

議事録などの文章もわかりやすく要約して出力されます。

> ドキュメントの内容が要約して表示されます。

Google Workspace ∨

企画会議 議事録 要約

作成日時: 2024年5月16日（木）15:02 JST

会議日時: 2024年5月16日（木）14:51 JST
会議場所: Wako, Saitama, Japan
参加者: 鈴木 松井 山田

議題: 新規企画の検討

概要:

会議では、鈴木氏から提案された新規企画について検討が行われました。

主な議論内容:

- ターゲット層の絞り込み
  - 20代女性を想定していたが、より具体的な年齢層やライフスタイルを検討する必要があると指摘された。
- 販売価格の設定
  - 300円前後を想定していたが、競合製品との比較や市場調査に基づいて、より適切な価格を設定する必要があると指摘された。

ここにプロンプトを入力してください

はみだし 100% Googleドキュメントで作成したファイルのほか、WordファイルやPDFファイルの要約も可能です。なお、2024年6月現在では、スプレッドシートやスライドとGeminiとの連携を行うことができません。

Chapter 2 Google サービスと連携して活用しよう

Googleドライブと連携して
資料を検索してもらおう

Google ドライブと連携して資料を検索してもらう

Google ドライブと連携すると、Google ドライブに保存されているファイルを検索することができます。なお、検索できるのは2024年6月現在ではドキュメントファイルとPDFファイルのみです。

指示

探してほしいファイル名を入力して指示します。

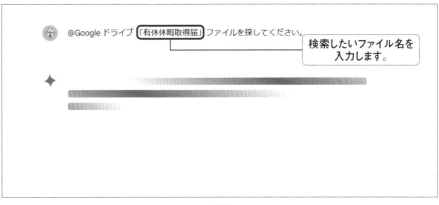

@Google ドライブ 「有休休暇取得届」ファイルを探してください。

検索したいファイル名を入力します。

回答

Google ドライブからファイルが検索され、かんたんな内容の概要も表示されます。リンクをクリックすると、ファイルが表示されます。

Google Workspace ∨

Google ドライブに「有給休暇取得届」というタイトルのドキュメントを見つけました。

ファイル情報:

- タイトル: 有給休暇取得届
- 作成者: 浜口
- 作成日: 2024年5月16日
- 最終更新日: 2024年5月16日
- リンク https://www.google.com/docs/about/

リンクをクリックすると、ファイルが表示されます。

ファイルの内容:

このドキュメントは、有給休暇の取得を申請するためのフォーマットです。

- 氏名、所属、取得期間、理由、備考などを記入する欄があります。

このファイルは役に立ちますか？他に何かお手伝いできることはありますか？ご要望があればお知らせください。

ソース ∧

△ Google ドライブ この回答で考慮されたアイテム。 詳細

ここにプロンプトを入力してください

はみだし
100%

「○○という名前の付いたファイルを一覧表示して」のように複数のファイルを検索したり、「1年以内に作成されたファイルを探して」のように期間を指定して検索することも可能です。

Section 08

Gmailと連携してメールを検索してもらおう

Gmailと連携してメールを検索してもらう

Gmailと連携すると、Gmailに保存されているメールを検索することができます。相手の名前やいつ送られてきたか、などでGeminiに検索してもらいましょう。検索すると同時に要約して表示してもらうことも可能です。

指示

相手の名前や日時などを入力して、探したいメールを指示します。

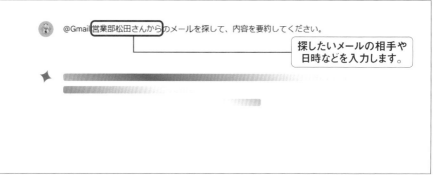

@Gmail 営業部松田さんからのメールを探して、内容を要約してください。

> 探したいメールの相手や日時などを入力します。

回答

検索されたメールとその内容が出力されます。ソースのリンクをクリックすると、Gmailでメールが表示されます。

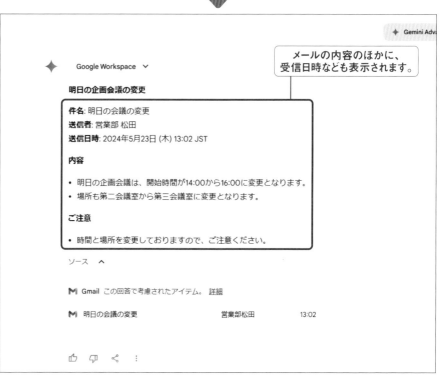

> メールの内容のほかに、受信日時なども表示されます。

Google Workspace ▾

明日の企画会議の変更

件名: 明日の会議の変更
送信者: 営業部 松田
送信日時: 2024年5月23日 (木) 13:02 JST

内容

- 明日の企画会議は、開始時間が14:00から16:00に変更となります。
- 場所も第二会議室から第三会議室に変更となります。

ご注意

- 時間と場所を変更しておりますので、ご注意ください。

ソース ∧

M Gmail この回答で考慮されたアイテム。 詳細

M 明日の会議の変更　　　　　営業部松田　　　13:02

はみだし 100% 2024年6月現在、Geminiによるメールの作成を行うことはできませんが、表示されたメールに対して「このメールの返信文を作成して」と指示することで、返信用の文章を作成してもらうことが可能です。

Chapter 2　Google サービスと連携して活用しよう

Google マップと連携して行きたい場所を検索してもらおう

Google マップと連携して観光ルートを教えてもらう

Google マップと連携すると、指定した場所から目的地までのルートを教えてもらうことができます。

指示

行きたい場所の観光スポットを1日で回るルートを検索するよう指示します。

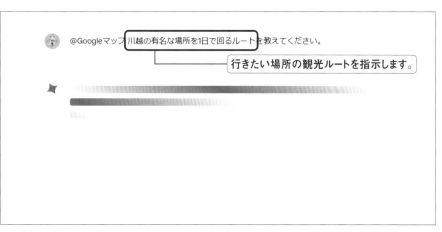

@Google マップ 川越の有名な場所を1日で回るルートを教えてください。

行きたい場所の観光ルートを指示します。

回答

ルートや所要時間が表示されます。リンクをクリックすると Google マップが表示されます。

Google マップ ∨

目的地までのルートが表示されます。

川越の有名な場所を1日で回るルート

川越の有名な場所を1日で回るルートを、Google マップで調べてみました。

所要時間は約1時間、距離は19kmです。

Google マップ でルートを確認できます。

ルート

1. 川越駅
2. 川越氷川神社
3. 蔵造りの街並み
4. 菓子屋横丁
5. 時の鐘
6. 川越大谷氷川神社
7. 川越駅

注意事項

- このルートはあくまで目安です。時間や交通状況によって、所要時間は異なります。
- 各施設の営業時間や休館日を確認してから、お出かけください。
- 駐車場は限られている場合がありますので、公共交通機関の利用を検討ください。

ここにプロンプトを入力してください

はみだし 100%
Google マップでは位置情報を使って Gemini が検索を行うので、あらかじめパソコンの位置情報の設定をオンにしておきましょう。

周辺のお店やスポットを教えてもらう

ルート以外にも、指定した場所の周辺のお店や観光スポットを検索してもらうこともできます。

指示

指定した場所周辺のお店を検索するように指示します。「徒歩〇分以内」「評価の高い」などの条件も付けられます。

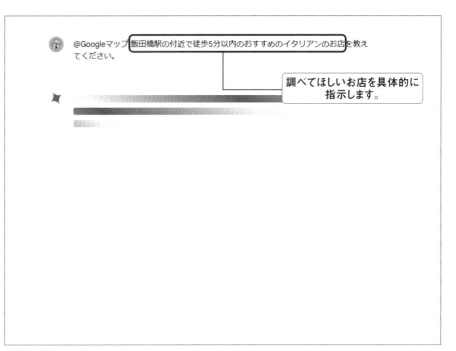

@Googleマップ 飯田橋駅の付近で徒歩5分以内のおすすめのイタリアンのお店を教えてください。

調べてほしいお店を具体的に指示します。

回答

候補のお店が一覧で表示されます。お店以外にも観光スポットなども検索してもらえます。リンクをクリックするとGoogleマップが表示されます。

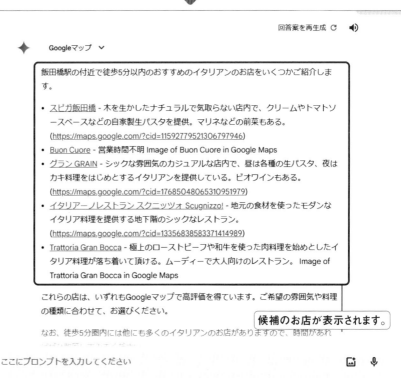

回答案を再生成 ↻ 🔊

 Googleマップ ∨

飯田橋駅の付近で徒歩5分以内のおすすめのイタリアンのお店をいくつかご紹介します。

- スピガ飯田橋 - 木を生かしたナチュラルで気取らない店内で、クリームやトマトソースベースなどの自家製生パスタを提供。マリネなどの前菜もある。
  (https://maps.google.com/?cid=11592779521306797946)
- Buon Cuore - 営業時間不明 Image of Buon Cuore in Google Maps
- グラン GRAIN - シックな雰囲気のカジュアルな店内で、昼は各種の生パスタ、夜はカキ料理をはじめとするイタリアンを提供している。ビオワインもある。
  (https://maps.google.com/?cid=17685048065310951979)
- イタリアーノレストラン スクニッツォ Scugnizzo! - 地元の食材を使ったモダンなイタリア料理を提供する地下階のシックなレストラン。
  (https://maps.google.com/?cid=13356838583371414989)
- Trattoria Gran Bocca - 極上のローストビーフや和牛を使った肉料理を始めとしたイタリア料理が落ち着いて頂ける。ムーディーで大人向けのレストラン。 Image of Trattoria Gran Bocca in Google Maps

これらの店は、いずれもGoogleマップで高評価を得ています。ご希望の雰囲気や料理の種類に合わせて、お選びください。

候補のお店が表示されます。

なお、徒歩5分圏内には他にも多くのイタリアンのお店がありますので、時間があれ

ここにプロンプトを入力してください 🖼 🎤

Gemini は不正確な情報（人物に関する情報など）を表示することがあるため、生成された回答を再確認するようにしてください。プライバシーと Gemini アプリ

行きたい条件に合う場所を教えてもらう

具体的な場所が決まっていなくても、行きたい条件に合う場所を検索してもらうことができます。

指示

行きたい場所の条件を入力して、検索するよう指示します。

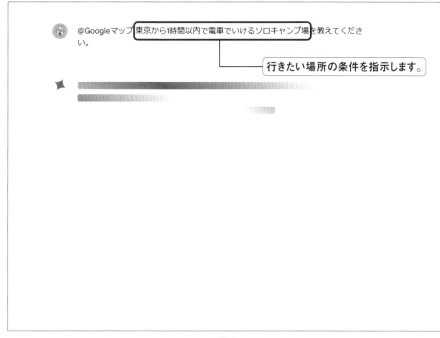

@Googleマップ 東京から1時間以内で電車でいけるソロキャンプ場を教えてください。

行きたい場所の条件を指示します。

回答

条件に合う場所の候補を一覧で表示してくれます。

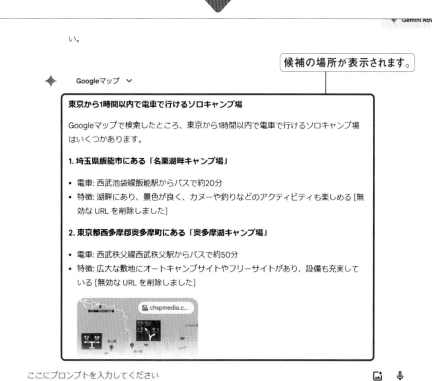

い。

候補の場所が表示されます。

Googleマップ ∨

東京から1時間以内で電車で行けるソロキャンプ場

Googleマップで検索したところ、東京から1時間以内で電車で行けるソロキャンプ場はいくつかあります。

1. 埼玉県飯能市にある「名栗湖畔キャンプ場」

- 電車: 西武池袋線飯能駅からバスで約20分
- 特徴: 湖畔にあり、景色が良く、カヌーや釣りなどのアクティビティも楽しめる [無効な URL を削除しました]

2. 東京都西多摩郡奥多摩町にある「奥多摩湖キャンプ場」

- 電車: 西武秩父線西武秩父駅からバスで約50分
- 特徴: 広大な敷地にオートキャンプサイトやフリーサイトがあり、設備も充実している [無効な URL を削除しました]

ここにプロンプトを入力してください

MEMO

出力された結果に対して「それぞれの口コミを教えてください」と指示すると、よい口コミと悪い口コミを探して一覧表示してくれます。

Google フライトや Google ホテルと 連携して旅行を計画してもらおう

Google フライトと連携して飛行機の料金を調べてもらう

Google フライトと連携すると、飛行機での移動にどれくらいの時間と料金がかかるのかを調べることができます。なお、いくつかの航空会社がある場合は、それぞれの料金を比較して出してくれます。

指示

目的地までどの飛行機に乗ればよいのか指示します。

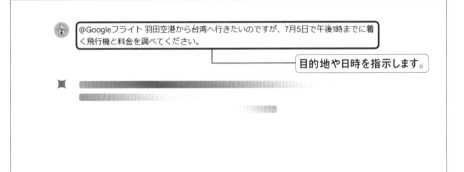

@Google フライト 羽田空港から台湾へ行きたいのですが、7月5日で午後1時までに着く飛行機と料金を調べてください。

　　　　　　　　　　　　　　　　　　目的地や日時を指示します。

回答

飛行機が航空会社ごとに一覧で出力されます。

一覧で出力されるので、航空会社を選びましょう。

 Google フライト ∨

ⓘ　Gemini が常に正しいとは限りません。以下のフライトの詳細を必ずご確認ください：

往復・Haneda Airport (HND) - Taiwan (TPE, KHH + 10名以上)・7月5日 - 7月12日・大人1名

7月5日午後1時までに羽田空港から台湾に到着する便をいくつか見つけました。

- タイガーエア台湾 IT217, 出発: 5:25 到着: 8:00, 3 時間 35 分, 価格： ￥41,022
- Peach MM859, 出発: 5:55 到着: 8:35, 3 時間 40 分, 価格： ￥55,074
- チャイナ エアライン CI223, 出発: 7:55 到着: 10:35, 3 時間 40 分, 価格： ￥80,990
- JAL JL97, 出発: 8:55 到着: 11:35, 3 時間 40 分, 価格： ￥89,360
- ANA NH851, 出発: 9:40 到着: 12:10, 3 時間 30 分, 価格： ￥92,260

Google フライト で他のオプションを表示できます。

ご希望の条件に合う便が見つかりましたでしょうか？他に何かお手伝いできることはありますか？

🌐 Google フライト
往復・Haneda Airport (HND) - Taiwan (TPE, KHH + 10名以上)・7月5日 - 7月12日・大人1名

5:25〜8:00　　　　　　　HND→TPE　　　　直行便　　　　￥41,022〜

ここにプロンプトを入力してください 　　　　　　　　　　　　🖼 🎤

Gemini は不正確な情報（人物に関する情報など）を表示することがあるため、生成された回答を再確認するようにしてください。プライバシーと Gemini アプリ

はみだし 100%　回答の [Google フライト] をクリックすると、「Google フライト」の Web ページに移動して詳細を確認することができます。

Googleホテルと連携してホテルを検索してもらう

Googleホテルと連携すると、ホテルの検索をすることができます。国内だけではなく、海外のホテル
も検索してくれるので、海外旅行の際にも活用できます。

指示

探したいホテルの条
件を指定して指示し
ます。

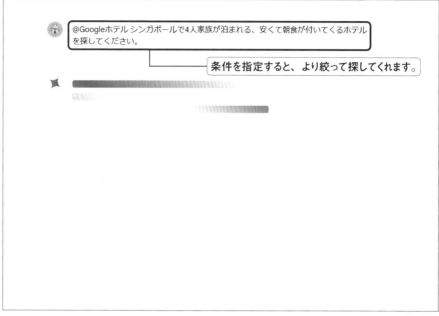

@Googleホテル シンガポールで4人家族が泊まれる、安くて朝食が付いてくるホテル
を探してください。

条件を指定すると、より絞って探してくれます。

回答

ホテルが一覧で出力
されます。また、ホ
テルのURLや特徴
も一緒に表示してく
れます。

回答案を表示

ホテルが一覧で
出力されます。

シンガポールで4人家族向け、朝食付きの格安ホテル

了解しました。シンガポールで4人家族向けの朝食付き格安ホテルをいくつかご紹介
します。

1. アルカシア ホテル シンガポール (https://www.panpacific.com/en/hotels-and-
resorts/pr-collection-pickering.html)

チャイナタウンにあるお手頃な価格のホテルです。ファミリールームとスイートがあ
り、無料Wi-Fi、薄型テレビ、エアコンを完備しています。屋外プール、子供用プー
ル、レストランも利用できます。

2. ホテル 81 シンガポール (https://www.wwhotels.com/about-us/about-ww-hotels/)

チャイナタウンにあるもう1つの手頃な価格のホテルです。ファミリールームとスイー
トがあり、無料Wi-Fi、薄型テレビ、エアコンを完備しています。屋外プール、子供用
プール、レストランも利用できます。

3. イビス バジェット シンガポール マリーナ ベイ
(https://all.accor.com/gb/city/hotels-singapore-v5579.shtml)

マリーナベイ地区にある手頃な価格のホテルです。ファミリールームとスイートがあ
り、無料Wi-Fi、薄型テレビ、エアコンを完備しています。屋上プール、子供用プー
ル、レストランも利用できます。

ここにプロンプトを入力してください

Gemini は不正確な情報（人物に関する情報など）を表示することがあるため、生成された回答を再確認するようにしてください。プライバシーと Gemini アプリ

**はみだし
100%** ホテルを検索してもらうと、一緒に1泊あたりの料金も表示してくれます。料金が海外通貨の場合は、「ホ
テルの料金を日本円で表示して」とさらに指示しましょう。

Section 11

YouTubeと連携して動画の内容をテキストに要約してもらおう

YouTubeと連携して動画を検索してもらう

YouTubeと連携すると、YouTubeに投稿されている動画をGeminiに検索してもらうことができます。通常の動画のほかに、ショート動画を検索してもらうこともできます。

指示

探したい動画の詳細を入力して指示します。

@YouTube 東武動物公園のライオンの動画 を探してください。

> 動画の内容を指示します。

回答

動画の候補がいくつか出力されます。リンクをクリックすると、YouTubeから動画を見ることができます。

YouTube ∨

> 動画の候補が出力されます。

YouTubeで東武動物公園のライオンの動画をいくつか見つけました。

- 東武動物公園で「ナイトZOO」！普段見られない動物たちの姿...百獣の王ライオンは大迫力！ホワイトタイガーのエサやり体験も！【すたすた中継】｜TBS NEWS DIG
- ライオンさんのお宅訪問 東武動物公園
- 東武動物公園の仲良しライオン
- 東武動物公園に行ったらライオンとホワイトタイガーに会えるよ〜！！
- ライオン／東武動物公園

これらの動画は、東武動物公園のライオンの生態や、飼育員さんとの交流の様子などを紹介しています。

ぜひ、お気に入りの動画を見つけて、東武動物公園のライオンたちを楽しんでください。

▶ YouTube

東武動物公園 ライオン

東武動物公園で「ナイトZOO」！普段見られない動物たちの姿...百獣の王ラ...

ここにプロンプトを入力してください

はみだし 100% 動画のサムネイルが表示されている場合は、サムネイルの再生ボタンをクリックすることで、Webブラウザのタブを切り替えずにすぐに動画が再生されます。

動画の内容をテキストに要約してもらう

YouTubeの動画の内容は知りたいけれど、全部見るのは大変といった場合に、Geminiに動画の内容を要約してテキストで表示してもらうことができます。

指示

出力された候補の動画を要約してもらうよう指示します。

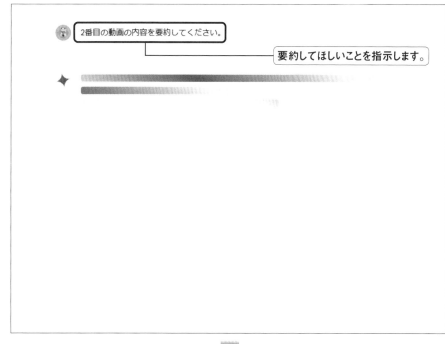

2番目の動画の内容を要約してください。

要約してほしいことを指示します。

MEMO

動画のURLがわかっている場合は、URLを入力して「この動画を要約して」と指示することで動画の要約が表示されます。

回答

動画の内容を要約した文章が出力されます。動画の長さによって出力される文章の量は異なります。

回答案を再生成 ↻ 🔊

 YouTube ∨

文章で要約が出力されます。

この動画は、東武動物公園のライオンの部屋を訪れた様子を記録したものです。

飼育員さんは、ライオンがもうすぐ吼えるので音量を下げるように視聴者に勧めてから、動画をスタートしました。続いて、ライオンの餌付けの時間であることを説明し、視聴者に餌の準備の様子を見せました。

飼育員さんは、ライオンが食べる部屋を視聴者に紹介しました。部屋の広さは約4.5〜6畳（約7.5〜10平方メートル）です。彼はまた、ライオンはすべてメスで、かなり機嫌が悪いと言いました。ストーム、バラード、ズッカがいます。

次に、飼育員さんは餌の準備の様子を見せました。彼は、ライオンに肉、うどん丼（うどんの麺にトッピングを乗せた丼）、果物を与えると述べました。また、その日は寒かったとも述べました。

準備が整った後、飼育員さんはライオンに餌を与え始めました。餌付けの最中に、ビデオと音声に乱れが生じるなどの技術的な問題が発生しました。飼育員さんはご迷惑をおかけして申し訳ありませんでした。

その後、飼育員さんは視聴者に食べ残しの餌を見せました。彼は、ライオンは空腹であることが多いため、通常は皿をきれいに舐めると説明しました。

飼育員さんは、ライブ配信にご視聴いただきありがとうございましたと感謝の言葉を

ここにプロンプトを入力してください

Gemini のショートカットを 利用しよう

Gemini には、Google サービスとの連携以外に、「@〜」でかんたんに実行できるショートカット機能がいくつかあります。

Google で検索してもらう

「@検索　キーワード」を入力すると、キーワードを Google で検索してもらった結果が表示されます。

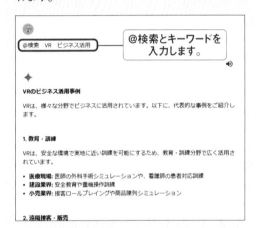

天気予報を教えてもらう

「@天気　日時と場所」を入力すると、指定した日時と場所の天気予報を教えてもらうことができます。

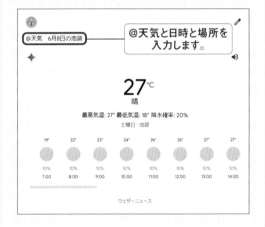

ニュースを教えてもらう

「@ニュース　キーワード」を入力すると、キーワードに関する最新のニュースを教えてもらうことができます。

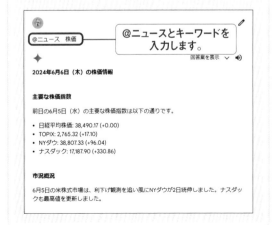

計算をしてもらう

「@計算　計算式」を入力すると、数値の計算をしてもらうことができます。方程式を解いてもらうことも可能です。

はみだし 100%　2024年6月時点では、今後の予定としてGoogle カレンダー、Google ToDo リスト、Google Keep との連携が行えることが発表されています。

Chapter 3

文章を作成・編集しよう

テーマを与えて文章を作成してもらおう

テーマを与えて文章を作成してもらう

Geminiではテーマを与えて文章を作成してもらうこともできます。作成してほしい内容を入力することで、テキストを出力してもらえます。

指示

作成してほしい文章のテーマや文字数、内容などを指定します。具体的であるほど、意図に沿う内容になります。

新聞記者になりきって「毎日の運動習慣と健康」をテーマに600文字程度で記事を書いてください。

役割や文字、題材を指定します。

回答

指定した内容で文章が作成されます。

 毎日の運動習慣と健康：心と体を健やかに保つためのカギ

600文字程度の記事が作成されます。

現代社会における運動不足の深刻化

近年、仕事や家事、育児などで忙しく、運動不足を感じる人が増えています。厚生労働省の調査によると、成人の約2割が運動不足であり、特に20代～40代の男性でその割合が高いことがわかっています。

運動不足は、肥満や生活習慣病のリスクを高め、健康に悪影響を及ぼすことがわかっています。また、運動不足は、ストレスやうつ病などの精神疾患にも関係することが指摘されています。

毎日の運動習慣の重要性

運動不足を解消するためには、毎日の生活の中に運動を取り入れることが重要です。厚生労働省では、成人の場合、週に2回以上、1回30分程度の運動を行うことを推奨しています。

運動の種類は、ウォーキング、ジョギング、水泳、自転車など、自分に合ったものを選ぶことが大切です。また、運動を始める前に、ウォーミングアップをしっかりと行い、無理のない範囲で運動するようにしましょう。

運動習慣がもたらす健康効果

毎日の運動習慣は、次のような健康効果をもたらします。

- 肥満予防
- 生活習慣病予防（高血圧、糖尿病、脂質異常症など）

MEMO

「○○の内容を肉付けして」「口調を○○に変更して」などと入力して、内容を変更せずに文章を整理することもできます。

はみだし
100%　詳細なテーマや取り上げてほしい具体的な内容、読者対象などをプロンプトに追加することで、より精度の高い文章が作成されます（P.19参照）。

14

Chapter 3　文章を作成・編集しよう

アウトラインを考えてから文章を作成してもらおう

文章のアウトラインを考えてもらう

アウトラインとは、文章の設計図のようなもので流れや階層、どこにどのような内容を書くか、といったことを決めます。文章を作成するうえで最初に行う大事な作業です。

指示

アウトラインを考えてもらいたい記事のテーマを入力して指示します。

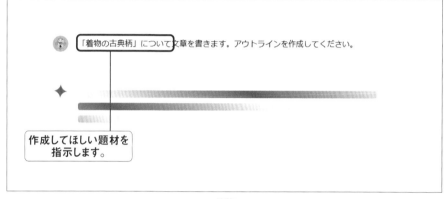

「着物の古典柄」について文章を書きます。アウトラインを作成してください。

作成してほしい題材を指示します。

回答

与えたテーマの概要とアウトラインの例が出力されます。

着物の古典柄について

I. はじめに

- 着物の古典柄とは何か
- 古典柄の歴史

II. 古典柄の種類

- 吉祥文様
  - 代表的な吉祥文様の種類と意味
- 有職文様
  - 代表的な有職文様の種類と意味
- その他の古典柄
  - 季節を表現する柄
  - 動物や植物をモチーフにした柄
  - 幾何学模様

III. 古典柄の選び方

- TPOに合わせた柄選び
- 年齢や体型に合わせた柄選び
- 好みに合わせた柄選び

IV. 古典柄の着こなし

アウトラインが作成されます。

MEMO

生成されたアウトラインに対して、順番を入れ替えたり、章を追加／削除したりといった指示を与えることで、よりよい文章が作成できます。

はみだし100%　P.38のように、一度で文章を作成してもらう方法もありますが、構成を考えながら順序立てて文章の作成を指示するほうがよりクオリティの高い文章が出力できます。

効果的な見出しを考えてもらう

文章のアウトラインが作成できたら、次に見出しを考えてもらいましょう。ここでは、P.39で出力されたアウトラインをベースに効果的な見出しを作成してもらいます。

指示

流れを途切れさせないように、アウトラインが出力されたあとに、見出しを考えてもらいます。

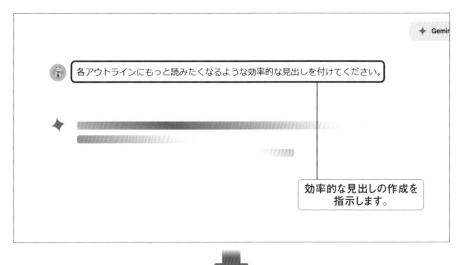

各アウトラインにもっと読みたくなるような効率的な見出しを付けてください。

効率的な見出しの作成を指示します。

回答

より効率的な見出しが作成されます。

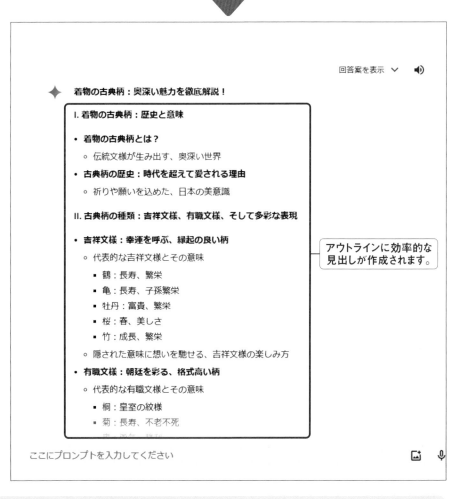

回答案を表示 ∨

着物の古典柄：奥深い魅力を徹底解説！

I. 着物の古典柄：歴史と意味

- **着物の古典柄とは？**
  - 伝統文様が生み出す、奥深い世界
- **古典柄の歴史：時代を超えて愛される理由**
  - 祈りや願いを込めた、日本の美意識

II. 古典柄の種類：吉祥文様、有職文様、そして多彩な表現

- **吉祥文様：幸運を呼ぶ、縁起の良い柄**
  - 代表的な吉祥文様とその意味
    - 鶴：長寿、繁栄
    - 亀：長寿、子孫繁栄
    - 牡丹：富貴、繁栄
    - 桜：春、美しさ
    - 竹：成長、繁栄
  - 隠された意味に想いを馳せる、吉祥文様の楽しみ方
- **有職文様：朝廷を彩る、格式高い柄**
  - 代表的な有職文様とその意味
    - 桐：皇室の紋様
    - 菊：長寿、不老不死

ここにプロンプトを入力してください

アウトラインに効率的な見出しが作成されます。

はみだし 100% 読者対象や文章の目的などを指定することで、より文章に合わせた見出しを作成することができます。見出しを変更する際は、会話しながら少しずつ修正していくほうがよりよい見出しが作成できます。

見出しごとに文章を作成してもらう

文章の見出しを考えてもらったら、次は見出しごとに文章を作成してもらいましょう。短い内容であればまとめて文章を作成してもらうこともできます。

指示

見出しが出力されたあとに、見出しごとの文章を考えてもらいます。

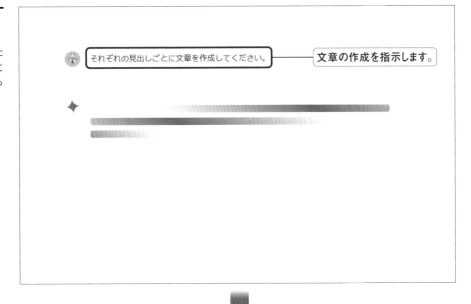

それぞれの見出しごとに文章を作成してください。 ──── 文章の作成を指示します。

回答

見出しに合わせて文章が作成されます。文章の推敲については、P.43〜44やP.48〜49を参照してください。

回答案を表示 ⌄ 🔊

着物の古典柄：奥深い魅力を徹底解説！

I. 着物の古典柄：歴史と意味

各見出しに合わせた文章を作成してくれます。

着物の古典柄とは？

着物に施される模様は、単なる装飾ではなく、それぞれに意味や願いが込められています。これが **着物の古典柄** です。

古典柄は、長い歴史の中で培われてきた日本の美意識や文化を表現しており、着物の魅力をさらに深めてくれます。

古典柄の歴史：時代を超えて愛される理由

古典柄の歴史は古く、奈良時代まで遡ります。当時の貴族たちは、身分や地位を表すために、豪華な衣装に様々な模様を施していました。

その後、江戸時代になると、庶民の間でも着物が普及し、古典柄はより身近なものとなります。

現代では、着物文化が衰退しているにもかかわらず、古典柄は依然として人気があります。これは、古典柄が持つ奥深い魅力や、日本の伝統文化に対する関心の高まりが理由と考えられます。

II. 古典柄の種類：吉祥文様、有職文様、そして多彩な表現

ここにプロンプトを入力してください 🖼 🎤

Gemini は不正確な情報（人物に関する情報など）を表示することがあるため、生成された回答を再確認するようにしてください。プライバシーと Gemini アプリ

 MEMO

文字数の制限により文章の作成が途中で止まった場合は、「続きを書いてください」のように指示します。

はみだし
100%
自分で用意した見出しをもとに文章を作成することもできます。見出しを箇条書きにして、「見出しごとに文章を作成してください」と指示します。

Section 15

文章のまとめを作ってもらおう

文章のまとめを作ってもらう

文章が作成されたら、その文章のまとめを作っておくと、文章の内容がよりわかりやすくなります。なお、作成する文章によっては、最初からまとめが含まれている場合もあります。

指示

文章が出力されたら、文章のまとめを作成してもらいます。

作成した文章のまとめを箇条書きで作成してください。───文章のまとめを指示します。

回答

文章のまとめを作成してくれます。

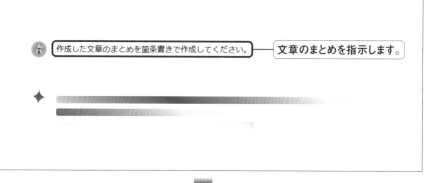

着物の古典柄：奥深い魅力を徹底解説！まとめ

I. 着物の古典柄：歴史と意味

- 古典柄とは、着物の模様に込められた意味や願い
- 古典柄の歴史：長い歴史の中で培われてきた日本の美意識と文化

II. 古典柄の種類：吉祥文様、有職文様、そして多彩な表現

- 吉祥文様：幸運や繁栄、長寿などを願って描かれる柄
  - 代表的な吉祥文様：鶴、亀、牡丹、桜、竹
  - 吉祥文様の意味：長寿、子孫繁栄、富貴、繁栄、春、美しさ、成長、繁栄
- 有職文様：平安時代から朝廷で使用されていた格式高い柄
  - 代表的な有職文様：桐、菊、鷹、藤、唐草
  - 有職文様の印象：華麗、格式高い
- その他の古典柄：季節、動植物、幾何学模様
  - 季節の移ろいを表現する風情ある柄
  - 動物や植物をモチーフにした愛らしい柄
  - 洗練されたモダンな印象を与える幾何学模様

III. 古典柄の選び方：TPO、年齢、体型、そして好みに合わせて

- TPOに合わせた柄選び：シーンにふさわしい着こなし
  - フォーマルな場面：格調高い柄で華やかに
  - カジュアルな場面：遊び心のある柄で個性を演出
- 年齢や体型に合わせた柄選び：自分に似合うスタイルを見つける

文章が箇条書きでまとめられています。

はみだし 100% 自分で用意した文章をもとにまとめを作成することもできます。まとめを作成してほしい文章を入力し、「文章のまとめを作成してください」と指示します。

Section

16

Chapter 3　文章を作成・編集しよう

記述に誤りがないか
チェックしてもらおう

文章の誤りをチェックしてもらう

作成した文章の内容は本当に正しいのかどうか、情報が間違っていないかなどをGeminiに確認してもらうことができます。

指示

文章を入力し、誤りがないかどうかをチェックするよう指示します。

記述に誤りがないかチェックしてください。

タッチ決済とは、対応しているレジでのみ行うことができ、クレジットカード決済とは異なっています。
タッチ決済はカードのみでしか行うことができません。

> 誤りがないかどうか
> チェックをしてほしいことを
> 入力します。

回答

どこが間違っているのかをしっかりと指摘してくれます。

回答案を表示 ∨ ◀))

 文章の誤りチェックと修正

誤り

- タッチ決済は、対応しているレジでのみ行うことができ、クレジットカード決済とは異なっています。
- タッチ決済はカードのみでしか行うことができません。

修正

- タッチ決済は、対応しているレジでのみ行うことができ、クレジットカード決済**の一部**とは異なっています。
- タッチ決済は、**クレジットカードだけでなく、スマートフォンや電子マネー**でも行うことができます。

詳細

- タッチ決済は、クレジットカードだけでなく、スマートフォンや電子マネーでも利用できます。例えば、Suica、PASMO、iD、QUICPayなどに対応しています。
- クレジットカード決済には、ICチップ搭載カードと磁気ストライプカードの2種類があります。タッチ決済は、ICチップ搭載カードのみで利用できます。

その他

- 文章の内容は、正確かつ最新の情報に基づいていること
- 文章は、分かりやすく読みやすいように構成してください。
- ターゲット読者に合わせて、文章の表現や内容を調整してください。

> 誤りがあった場合は、
> どのように間違っているのかを
> 指摘してくれます。

 MEMO

生成された文章に対して**G**をクリックすることでも、内容のチェックが行えます（P.22参照）。

わからない箇所を質問しよう

わからない箇所を質問する

Geminiの回答でわからない単語などがあった場合は、そのままGeminiに質問をしてみましょう。

指示

文章を入力し、わからないことを質問します。

> 以下の文章にある「磁気ストライプ」がわかりません。
>
> クレジットカード決済には、ICチップ搭載カードと磁気ストライプカードの2種類があります。タッチ決済は、ICチップ搭載カードのみで利用できます。

何についてわからないのかを具体的に指定します。

回答

質問した内容について回答を得られます。

質問に対する答えが返ってきます。

> 磁気ストライプについて、詳しく説明いたしますね。
>
> **1. 磁気ストライプとは?**
>
> クレジットカードの裏面にある黒い帯状の部分のことです。この部分には、カード番号や有効期限などの情報が磁気的に記録されています。
>
> **2. 磁気ストライプの仕組み**
>
> 磁気ストライプには、鉄磁性の微粒子が入っており、その向きによって情報を記録しています。読み取り機にカードを通すと、磁気ストライプの磁気情報が読み取られ、決済処理が行われます。
>
> **3. ICチップとの違い**
>
> ICチップは、磁気ストライプよりも高セキュリティな決済手段です。ICチップには、カード番号や有効期限などの情報に加え、暗号化されたセキュリティ情報が記録されています。そのため、ICチップ搭載カードは、偽造や不正利用がより困難です。
>
> **4. 磁気ストライプカードのメリット・デメリット**
>
> **メリット**
>
> - 長い歴史があり、多くの加盟店で利用可能
> - ICチップ搭載カードよりも低コスト
>
> **デメリット**

ここにプロンプトを入力してください

はみだし 100% わからない単語だけで質問すると、意図しない回答が返ってくることがあります。具体的に何についての単語か分かるように、文章も一緒に提示するとより正しい回答が得られます。

Chapter 3 文章を作成・編集しよう

いろいろな条件を付けて 文章を作成してもらおう

文字数を指定して文章を作成してもらう

Geminiに文章を作成してもらうときに、文字数を指定して回答してもらうことができます。

指示

「○○文字以内」など、文字数を指定して指示します。

70文字以内で、埼玉県の魅力を教えてください。

> 文字数を指定して
> 入力します。

回答

指定した文字数で回答が得られます。

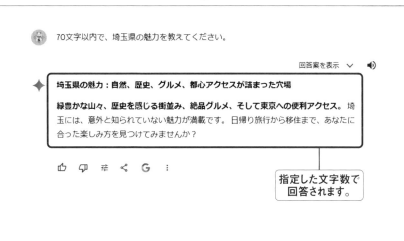

70文字以内で、埼玉県の魅力を教えてください。

回答案を表示 ∨ ◀))

埼玉県の魅力：自然、歴史、グルメ、都心アクセスが詰まった穴場

緑豊かな山々、歴史を感じる街並み、絶品グルメ、そして東京への便利アクセス。 埼玉には、意外と知られていない魅力が満載です。日帰り旅行から移住まで、あなたに合った楽しみ方を見つけてみませんか？

👍 👎 🌱 < G ⋮

> 指定した文字数で
> 回答されます。

ここにプロンプトを入力してください

はみだし 100% 文字数を指定して文章を作成しても、実際には指定した文字数より多いことがあります。出力内容を確認して、より少ない文字数で再度指定するとよいでしょう。

特定のキーワードを使って文章を作成してもらう

特定のキーワードの内容を含んだ文章を作成してもらうことができます。

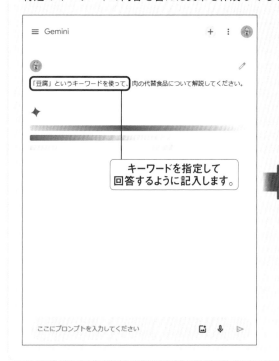

キーワードを指定して
回答するように記入します。

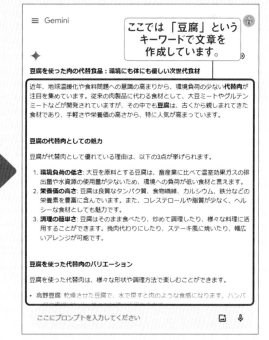

ここでは「豆腐」という
キーワードで文章を
作成しています。

箇条書きから文章を作成してもらう

箇条書きから、それに合わせた文章を作成してもらうことができます。

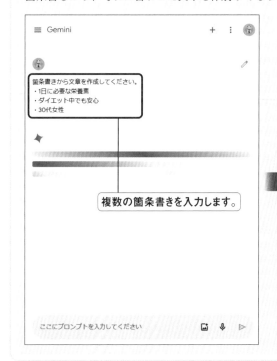

複数の箇条書きを入力します。

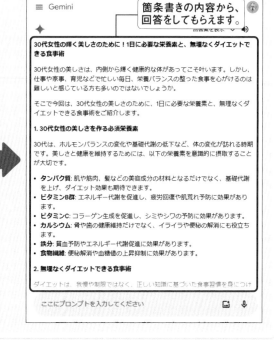

箇条書きの内容から、
回答をしてもらえます。

はみだし
100%

箇条書きの内容を増やすと、より詳細な文章を作成してもらうことができます。具体的な内容が決まっている場合は箇条書きを増やしましょう。

情報を与えて文章を作成してもらう

ニュース記事などの情報から文章を作成してもらうことができます。

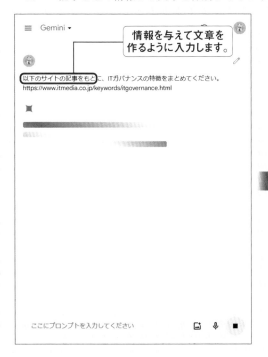

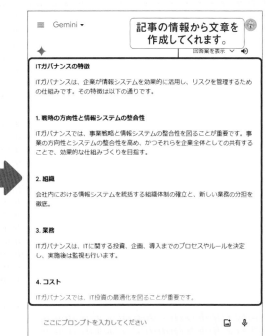

データを調べて解説記事を作成してもらう

Google検索でデータを調べたうえで、それに対する解説記事の文章を作成してもらうことができます。

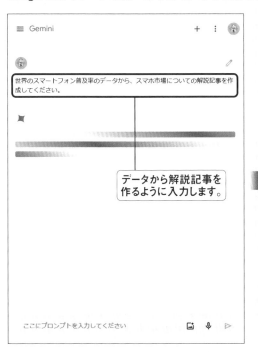

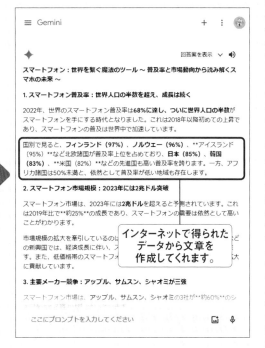

文章を整えてもらおう

誤字や脱字を確認してもらう

文章中の誤字や脱字を検出し、修正してもらうことが可能です。文章チェックを任せることで、仕事の効率化を図ることができます。

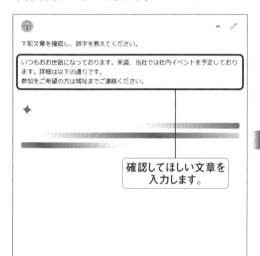

下記文章を確認し、誤字を教えてください。

いつもおお世話になっております。来週、当社では社内イベントを予定しております。詳細は以下の通りです。
参加をご希望の方は城址までご連絡ください。

確認してほしい文章を
入力します。

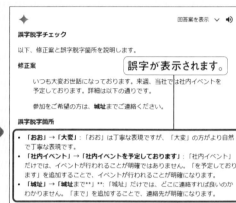

回答案を表示

誤字脱字チェック

以下、修正案と誤字脱字箇所を説明します。

修正案

誤字が表示されます。

いつも大変お世話になっております。来週、当社では社内イベントを予定しております。詳細は以下の通りです。

参加をご希望の方は、**城址**までご連絡ください。

誤字脱字箇所

- 「**おお**」→「**大変**」：「おお」は丁寧な表現ですが、「大変」の方がより自然で丁寧な表現です。
- 「**社内イベント**」→「**社内イベントを予定しております**」：「社内イベント」だけでは、イベントが行われることが明確ではありません。「を予定しております」を追加することで、イベントが行われることが明確になります。
- 「**城址**」→「**城址まで**」：「城址」だけでは、どこに連絡すれば良いのかわかりません。「まで」を追加することで、連絡先が明確になります。

その他

- 文章全体として丁寧な表現になっています。
- 誤字脱字は、読みやすさや正確性を損なうため、注意が必要です。

※上記はあくまでも一例であり、状況に合わせて修正する必要があります。

英文のスペルミスを確認してもらう

英文のスペルミスを確認してもらい、正確な表現に修正することも可能です。正確な文章はより強い説得力を持たせます。

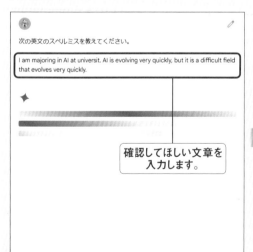

次の英文のスペルミスを教えてください。

I am majoring in AI at universit. AI is evolving very quickly, but it is a difficult field that evolves very quickly.

確認してほしい文章を
入力します。

回答案を表示

英語のスペルミスチェック

以下の英文のスペルミスを修正します。

I am majoring in AI at universit. AI is evolving very quickly, but it is a difficult field that evolves very quickly.

修正：

I am majoring in AI at **university**. AI is **evolving** very quickly, but it is a difficult field that **evolves** very quickly.

説明：

- **universit** は "y" が不足しています。正しいスペルは **university** です。
- **evolves** は正しく綴られていますが、文章内で2回繰り返されています。2回目は削除する必要があります。

その他

スペルミスと正しい表現が
表示されます。

- 文章を提出する前に、必ず丁〔…〕
- スペルチェッカーを使用して、スペルミスを見つけることができます。
- 英語の文法やライティングスキルを向上させるのに役立つオンラインリソースもたくさんあります。

以下は、役立つオンラインリソースの例です。

はみだし 100%　上記のような指示で誤字や脱字、スペルミスがある場合は、その指摘だけでなく正しい表記やスペルを提示してくれます。

文体を統一してもらう

「です・ます」や「だ・である」などの文体や語尾を統一し、一貫性のある文章に修正することができます。

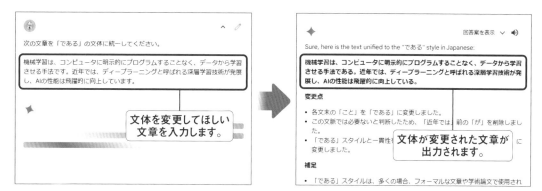

表記揺れを直してもらう

「いたします」と「致します」など、同じ意味の言葉で表記が混在している状態を表記揺れといいます。表記揺れを修正し、統一感のある文章に仕上げましょう。

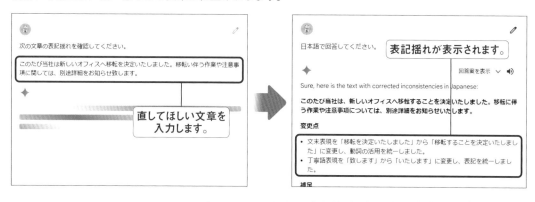

別の言い回しを考えてもらう

別の言い回しにすることで、よりわかりやすい表現や読む人の興味をより引きつける表現を模索することが可能です。

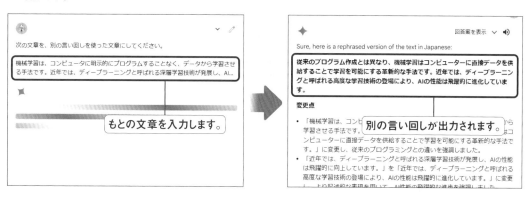

文章を編集してもらおう

文章を要約してもらう

文章が長い場合や難しい場合は Gemini に要約してもらいましょう。併用することで、文章への理解が進みます。

要約してほしい文章を入力します。

要約された文章が出力されます。

文章から重要なポイントを抜き出してもらう

文章から重要だと判断されたポイントを抜き出すことができます。重要なポイントを強調することで、読む人の注意を引きつけます。

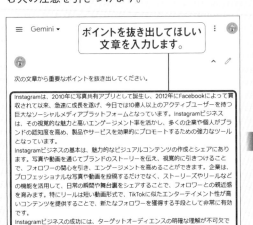

ポイントを抜き出してほしい文章を入力します。

重要なポイントが抜き出されます。

はみだし100%　文章を要約してもらう際に文字数を指定することで、より簡潔にまとめられた情報を確認できるようになります。

文章を分析してもらう

Geminiに文章を分析してもらい、改善に役立てましょう。より効果的なメッセージにする手伝いをしてくれます。

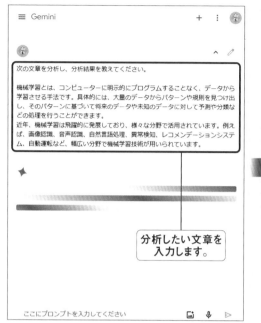

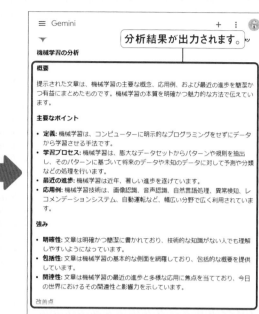

文章を翻訳してもらう

作成した文章をほかの言語に翻訳してもらうことで、海外の利用者や顧客にもアプローチできます。

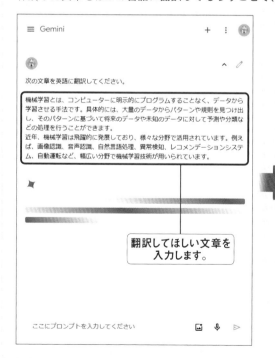

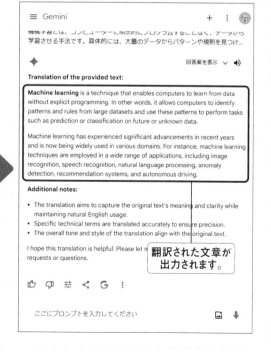

はみだし 100% 文章の分析の方法はさまざまです。「トレンドに注目して」「営業成績を中心に考えて」といった具体的な指示を書き加えてみましょう。

文章の続きを書いてもらう

流れが考慮された文章の自然な続きを追加してもらうことができます。物語文の作成やアイデア出しの参考などに活用されます。

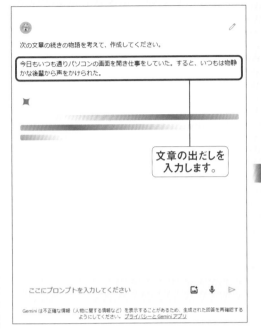

文章の出だしを
入力します。

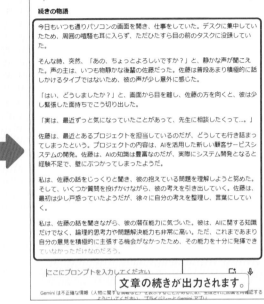

文章の続きが出力されます。

内容を変えずに文字数を増やしてもらう

文章の内容やメッセージを損なうことなく、必要な分だけ文字数を増やします。詳細が補足されるため、理解度を上げることにも繋がります。

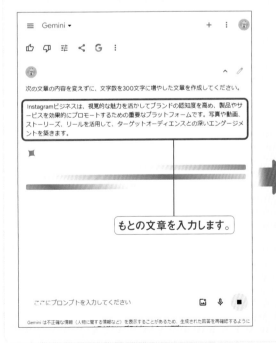

もとの文章を入力します。

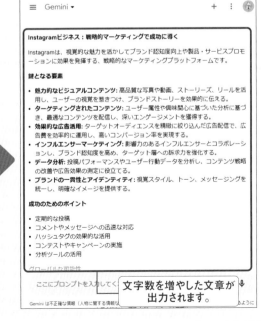

文字数を増やした文章が
出力されます。

はみだし 100% 編集された文章が意図したものでない回答の場合は、もう一度同じ質問をするなどして別の文章を出力してもらいましょう。

文章から特定のキーワードを抜き出してもらう

文章から特定のキーワードを抽出してもらうことができます。たとえば、頻出のキーワードを知ることで、WebサイトのSEO対策として利用できます。

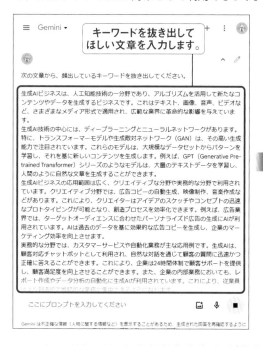

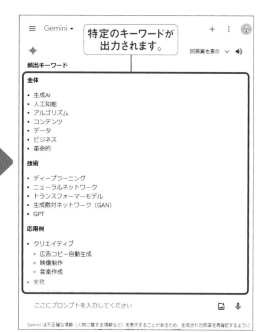

用語を置換してもらう

指定した単語を任意の言葉に置換します。文章全体をチェックしたり、文章を再編集したりする手間が省けます。

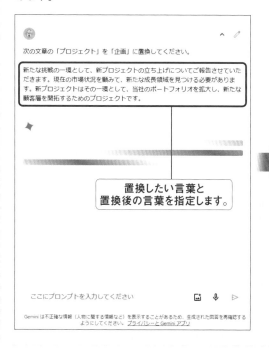

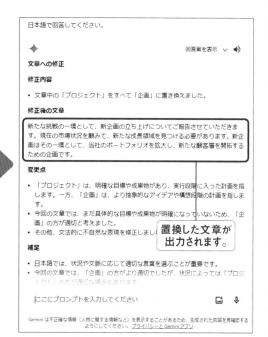

文章
文章を作成・編集しよう

はみだし 100% 「文章の読みやすさを向上させるためには何が必要?」といった質問を入力することでも、読みやすい文章にするためのアドバイスを確認できます。

画像内のテキストを 抽出してもらおう

画像内のテキストを抽出してもらう

画像内のテキストを文章として書き出したい場合、Geminiに抽出してもらうことができます。これを応用して、PDFやスライドなどからの文字の抽出や要約も可能です。

指示

画像をアップロードして、文章を抽出してほしいことを指示します。

> 画像のテキストを抽出してください。
>
> **画像をアップロードします。**

回答

画像から抽出された文章が出力されます。

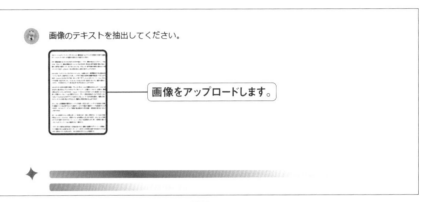

> 画像のテキストは以下の通りです。　**画像の文章が抽出できます。**
>
> ### SNSの便利な活用方法
>
> SNS（ソーシャルネットワーキングサービス）は、現代社会において人々が日常的に利用する重要なツールとなっています。その便利な活用方法は多岐にわたります。
>
> ### 情報収集
>
> まず、情報収集におけるSNSの活用は大きな利点の一つです。興味のあるトピックやニュースをフォローすることで、最新の情報を手に入れることができます。特定の分野や業界に関心がある場合、専門家や業界リーダーのアカウントをフォローすることで、専門知識や業界の動向をいち早くキャッチできます。これにより、自己成長や学びの機会を増やすことができます。
>
> ### ネットワーキング
>
> SNSはまた、ネットワーキングのプラットフォームとしても機能します。業界関係者や同じ趣味を持つ人々とつながり、交流することで、新しいビジネスの機会や仕事の連携の場を見つけることができます。Linkedin などのビジネス向けSNSは、特にプロフェッショナルなコミュニケーションやキャリアの発展に役立ちます。また、FacebookやTwitterなどの一般的なSNSでも、業界や興味ごとのグループに参加することで、関係者とのつながりを深めることができます。
>
> ### ビジネス
>
> SNSをビジネス目的で活用する場合、ブランドのプロモーションや顧客とのコミュニケーションに役立ちます。魅力的なコンテンツやクリエイティブなキャンペーンを通

MEMO

画像以外のファイルはアップロードできないので、PDFやOfficeファイルはスクリーンショットを撮るなどして画像ファイルにしましょう。

はみだし 100% 画像内に余計な文字が入っているときれいに抽出されないので、あらかじめトリミングして、必要箇所のみの文章の画像を用意しましょう。

Chapter 3　文章を作成・編集しよう

文章に合わせた画像を検索してもらおう

文章に合わせた画像を検索してもらう

文章の内容に適した画像を検索してもらうことも可能です。なお、2024年6月現在、画像の作成は Geminiでは行うことができません。

指示

どのような画像を検索してほしいのか、文章はどのような内容なのかを指定します。

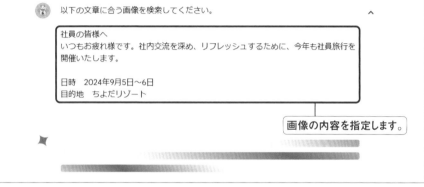

以下の文章に合う画像を検索してください。

社員の皆様へ
いつもお疲れ様です。社内交流を深め、リフレッシュするために、今年も社員旅行を開催いたします。

日時　2024年9月5日〜6日
目的地　ちよだリゾート

画像の内容を指定します。

回答

イメージに合う画像の検索結果が表示されます。

◆　ちよだリゾート社員旅行イメージ画像

社員旅行のイメージを膨らませるために、ちよだリゾートの画像をいくつかご紹介します。

画像をクリックすると拡大またはWebページへ移動します。

客室

ちよだリゾートの客室は、広々としており、ゆっくりとくつろぐことができます。和室、洋室、和洋室など、さまざまなタイプの客室から選ぶことができます。

検索された画像を使いたい場合は、著作権などに注意しましょう。場合によっては、著作権がある画像を検索結果として表示されるので、使用する前に確認しましょう。

仕事に役立つ文章を作成してもらおう

長い文章を箇条書きにしてもらう

長い文章を整理し、箇条書きにまとめることができます。重要な点をスムーズに理解することが可能です。

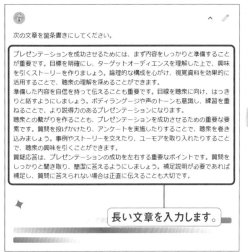

長い文章を入力します。

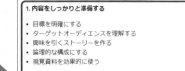

箇条書きにされた要点が表示されます。

FAQを作ってもらう

FAQ とは、Frequently Asked Questions の略で「よくある質問」のことです。よく寄せられる疑問とその回答を用意しておくことで利用者や顧客の理解度の向上に繋がります。

FAQの内容を指定します。

FAQが出力されます。

はみだし100%　Geminiに文章の作成や編集を任せることで、さまざまなアイデアを見比べられ、より多角的な視点で文章を精査することができます。

アンケートの項目を作ってもらう

アンケートの目的や内容を入力することで、それらに合わせた質問項目を出力させることも可能です。

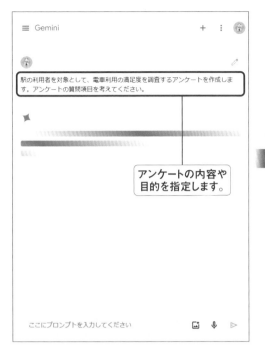

アンケートの内容や目的を指定します。

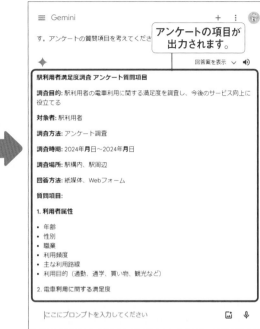

アンケートの項目が出力されます。

書類のテンプレートを作ってもらう

テンプレートを活用することで書類作成を効率化できます。Gemini はテンプレート作成に必要な項目を出力してくれます。

書類の内容を指定します。

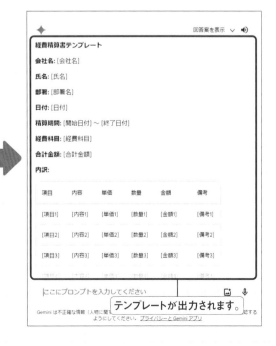

テンプレートが出力されます。

はみだし 100% アンケートの項目作成の際、項目の数や調査対象の詳細設定などを指定することで、より精度の高い項目が出力されます。

メールや手紙の挨拶文やお礼文を作成してもらう

メールや手紙を送りたいシチュエーションや目的を指定することで、挨拶文やお礼文といった内容を出力させることができます。

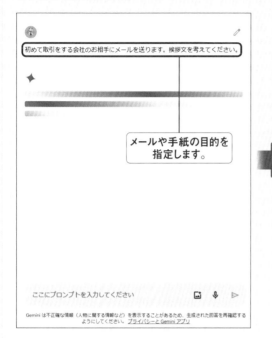

メールや手紙の目的を指定します。

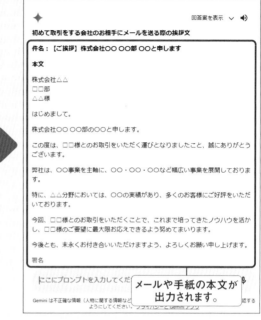

メールや手紙の本文が出力されます。

メールや手紙のテンプレート文を作ってもらう

ビジネスやプライベートに使えるメールや手紙のテンプレートを出力してもらうことで、コミュニケーションを効率化できます。

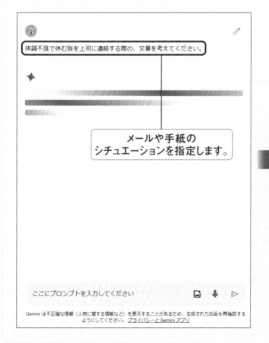

メールや手紙のシチュエーションを指定します。

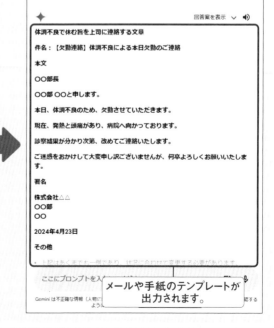

メールや手紙のテンプレートが出力されます。

はみだし 100% 出力されたメールの文章は、< → [Gmailで下書きを作成] → [Gmailを開く] の順にクリックすると、Gmailの新規メール作成画面が表示されるので、内容を修正して送信することができます。

Section

24

Chapter 3　文章を作成・編集しよう

文字起こしをした議事録を まとめてもらおう

文字起こしをした議事録をまとめてもらう

会話の内容など文字起こしした文章を入力することで、明確でわかりやすい議事録にまとめてもらうことができます。重要なポイントを押さえた内容に整理されます。

指示

会話などを文字起こしし、そのまま入力して、議事録の作成を指示します。

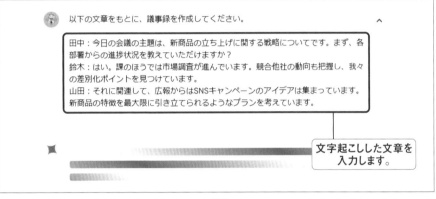

以下の文章をもとに、議事録を作成してください。

田中：今日の会議の主題は、新商品の立ち上げに関する戦略についてです。まず、各部署からの進捗状況を教えていただけますか？
鈴木：はい。課のほうでは市場調査が進んでいます。競合他社の動向も把握し、我々の差別化ポイントを見つけています。
山田：それに関連して、広報からはSNSキャンペーンのアイデアは集まっています。新商品の特徴を最大限に引き立てられるようなプランを考えています。

> 文字起こしした文章を入力します。

回答

会話の内容だった文章から、会議の主題や進捗状況が明確になった議事録に変換されました。

議事録

会議名: 新商品立ち上げ戦略会議

開催日時: 2024年4月22日

開催場所: [会議室名]

出席者:

- 田中 [役職名]
- 鈴木 [役職名]
- 山田 [役職名]
- [氏名1]
- [氏名2]
- [氏名3]

欠席者:

- なし

議事録:

1. 開会 (10:00-10:05)

- 田中 [役職名] から会議の趣旨説明。
- 本日の会議の目的は、新商品の立ち上げに関する戦略について協議すること。

2. 進捗状況報告 (10:05-10:20)

> 議事録が出力されます。

はみだし 100%　「会議の主題」「日時」「進捗状況」などの項目を事前に指定することで、より詳細な議事録にまとめることができます。また、[ ] で囲まれた部分はあとで自分で入力する必要があります。

文章を評価してもらおう

文章を評価してもらう

自分で作成した文章を入力してGeminiによる評価を受け、表現力やクオリティを上げるきっかけにすることができます。

指示

作成した文章を入力し、「評価して」といった指示をします。

以下の文章は報告書です。この文章を評価してください。

> プロジェクトは、最終段階に進んでおり、計画通り進行しています。課題が発生した場合は対策を講じ、影響を最小限に抑えます。

作成した文章を入力します。

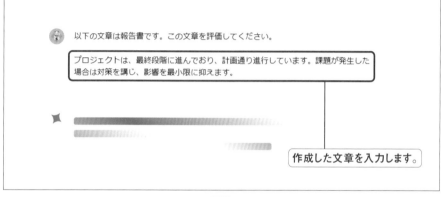

回答

Geminiによる評価が表示されます。評価をもとに文章を編集することでよりクオリティの高い内容に近づきます。

回答案を表示 ∨ ◀))

文章評価

良い点:

- 簡潔で分かりやすい文章構成。
- プロジェクトの進捗状況が明確に伝わる。
- 課題発生時の対応策についても言及している。

評価が
出力されます。

改善点:

- 具体的な数値や事例を用いることで、より説得力のある報告書になる。
- プロジェクトの成果や今後の展望についても言及すると、より情報量の多い報告書になる。

以下、具体的な改善案:

- **「最終段階に進んでおり」** という表現は、もう少し具体的に示した方が良い。例えば、「スケジュール通りに90%完了しており、来週までに100%完了する見込みです。」のように表現する。
- **「課題が発生した場合は対策を講じ、影響を最小限に抑えます。」** という表現は、具体的な対策内容を示した方が良い。例えば、「納期遅延が発生した場合は、関係部署と調整を行い、納期を延長する。また、品質問題が発生した場合は、原因を分析し、再発防止策を講じる。」のように表現する。
- **プロジェクトの成果** については、具体的な数値を用いて示すと良い。例えば、「売上目標を120%達成した。」、「顧客満足度を前年比10%向上させた。」のように表現する。

はみだし 100% 議事録や報告書など、どういった文章なのかを明示することで、その文章に合った評価やポイントを出力してくれます。

Chapter 4

ビジネスや学習で活用しよう

アイデア出しを手伝ってもらおう

1人ブレストでアイデアを出し合う

企画などのアイデア出しには、複数人でのブレインストーミング（ブレスト）が有効ですが、Geminiに手伝ってもらうことで、1人でも行うことができます。

指示

ブレインストーミングをすることを伝えて、テーマを与えます。

図書館で小学生の利用者を増やす方法のアイデア出しをしたいです。一緒にブレインストーミングをしてください。

アイデアを出し合いたい題材を入力します。

回答

アイデアが気に入った場合は、「アイデアについてもっと詳しく教えて」などと入力すると、さらに詳しい情報を教えてくれます。P.63〜64を参考にいろいろと質問してみましょう。

アイデアが箇条書きで表示されます。

回答案を表示 ∨ 🔊

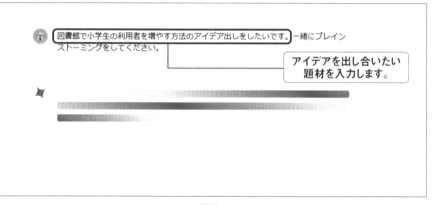

図書館で小学生の利用者を増やす方法：ブレインストーミング

まず、小学生のニーズを理解することが重要です。

- 小学生は、読書、学習、遊びなど、様々な目的で図書館を利用します。
- 具体的には、以下のようなニーズが考えられます。
  - 宿題や自由研究に必要な資料を見つけたい
  - 興味のあるジャンルの本を読みたい
  - 友達と遊べる場所が欲しい
  - 学習に役立つイベントに参加したい
  - パソコンやインターネットを使いたい

次に、これらのニーズを満たすためのアイデアを出し合いましょう。

利用しやすい環境づくり

- 小学生向けの蔵書を充実させる
  - 絵本、児童書、漫画など、小学生が興味を持ちやすい本を揃える。
  - 最新刊や話題の本も積極的に購入する。
  - 読みやすい字の大きさや行間の本を用意する。
- 快適な閲覧スペースを作る
  - 広いテーブルと椅子を用意する。
  - ソファーやクッションなどを置いて、リラックスできる空間を作る。

はみだし 100% アイデアの数は多いほうがよいです。Geminiに依頼すれば、より効率的に短時間で多数の企画のアイデアを出力してもらうことができます。

企画のアイデアをたくさん考えてもらう

企画のアイデアは数を指定してたくさん出してもらいましょう。その中で気になるアイデアがある場合は、「どうしてそのアイデアを出したの?」「どんな勝算があるの?」などと質問すれば、Geminiが回答を導き出した背景を知ることができます。

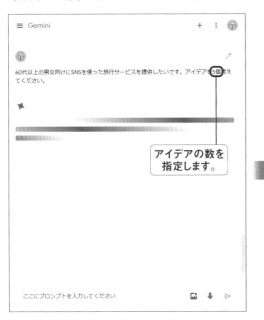

アイデアの数を指定します。

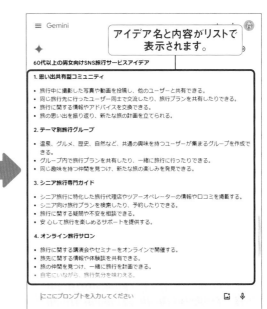

アイデア名と内容がリストで表示されます。

 ## アイデアのメリットやデメリットを提示してもらう

企画案がある場合は、メリット・デメリットをそれぞれ出してもらいましょう。デメリットは、どのように改善すればよいか教えてもらうこともできます(P.64参照)。

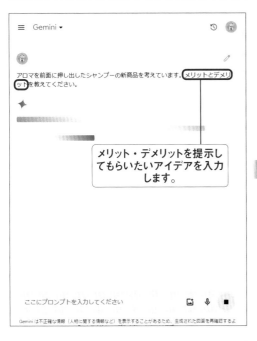

メリット・デメリットを提示してもらいたいアイデアを入力します。

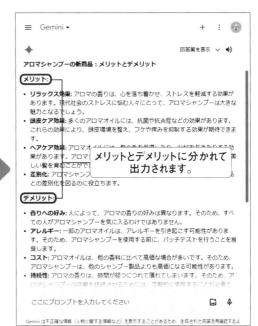

メリットとデメリットに分かれて出力されます。

はみだし 100% 企画が決まったら、「企画書を作成して」と指示することで企画書を作成してもらうことができます。また、テンプレートの例やフォーマットを出力してもらうことも可能です。

アイデアの改善点を考えてもらう

企画に懸念点がある場合は、どのように修正したらよいか助言を求めれば、改善案を提示してくれます。より効果的な案やかんたんにできる案などを聞いて深掘りできます。

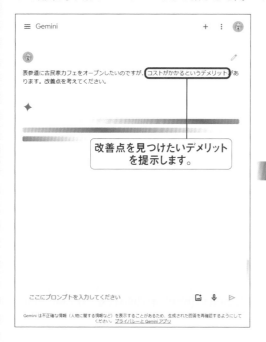

改善点を見つけたいデメリットを提示します。

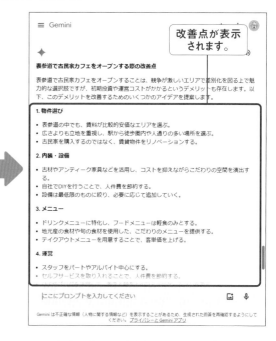

改善点が表示されます。

ビジネスフレームワークを使って考えてもらう

ビジネスフレームワークとは、アイデア発想ツールとも呼ばれ、ビジネスにおいて何らかの課題解決をするときに用いられるツールです。以下の例のような「PEST分析」のほかにも「SWOT分析」「5W1H」「MECE」「形態分析法」「BCGマトリックス」などが利用できます。

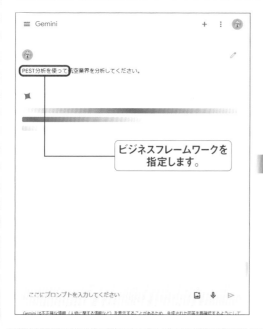

ビジネスフレームワークを指定します。

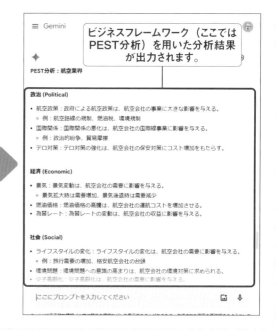

ビジネスフレームワーク（ここではPEST分析）を用いた分析結果が出力されます。

はみだし
100%　ビジネスフレームワークを使用する際、「〇〇には、どのビジネスフレームワークを使うのがよい？」と入力すると、それぞれの課題に合ったフレームワークを教えてもらえます。

Chapter 4　ビジネスや学習で活用しよう

仕事のリサーチと分析をしてもらおう

リサーチと分析を依頼する

新サービスや新商品などの開発においては、消費者のニーズや世間一般の傾向などを知ることは不可欠です。最新の情報をWebで検索して調べてくれるので、市場調査やデータ分析などもGeminiに任せることができます。

指示

調べてほしい内容を入力します。どこに需要があるのか、どのようなペルソナなのかなどを分析できます。

> 60代以上の男女が使用しているサブスクリプションには、どのような特徴がありますか？

リサーチしたい内容を指定します。

回答

分析結果が表示されます。需要やターゲット層などを把握するのに役立ちます。

回答案を表示 ∨ 🔊

60代以上の男女が利用しているサブスクリプションの特徴

分析結果が表示されます。

60代以上の男女が利用しているサブスクリプションは、以下の特徴があります。

1. 利用率

- 2023年時点で、60代以上の男女のうち、約30%の人がサブスクリプションサービスを利用していると言われています。
- 利用率は年々増加しており、今後ますます利用者が増えていくと予想されます。

2. 利用頻度

- 60代以上の男女のサブスクリプション利用頻度は、週に1〜2回程度と言われています。
- 主に、週末や休日に利用しているようです。

3. 利用目的

- 60代以上の男女がサブスクリプションを利用する主な目的は以下の通りです。
  - **エンターテイメント:** 音楽配信サービス、動画配信サービス、電子書籍サービス
  - **学習:** オンライン講座、語学学習サービス
  - **食料品:** 食材宅配サービス、ミールキットサービス
  - **日用品:** 日用品宅配サービス
  - **その他:** 旅行サブスク、温泉サブスク

4. 利用金額

はみだし
100%

「年齢別にリスト化して」「分析結果を要約して」などと入力して、具体的な例や理由を聞いて背景を調べることもできます。

Section

28

Chapter 4　ビジネスや学習で活用しよう

製品名やサービス名を考えてもらおう

製品名やサービス名を考えてもらう

製品やサービスの情報を入力するだけで、内容を加味した名称を考えてくれます。回答をアレンジしたり肉付けしたりしてオリジナルの名前を付けることができます。

指示

どのような製品かわかるように概要や特徴を入力します。

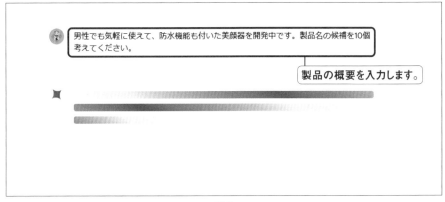

男性でも気軽に使えて、防水機能も付いた美顔器を開発中です。製品名の候補を10個考えてください。

製品の概要を入力します。

回答

製品名が10個表示されます。「○○というワードを入れて」「○○文字以内で」というように指定して、回答範囲を絞ることもできます。

製品名の候補が箇条書きで出力されます。

男性でも気軽に使えて、防水機能も付いた美顔器の製品名候補（10個）

1. MEN'S AQUA FACE

- "MEN'S" で男性向けであることを明確に
- "AQUA" で防水機能をアピール
- "FACE" で美顔器であることを分かりやすく

2. DAN MEN FACE WASHER

- "DAN MEN" で男性向けであることをスタイリッシュに表現
- "FACE WASHER" で洗顔美顔器であることを分かりやすく

3. AQUA POWER FACE

- "AQUA" で防水機能をアピール
- "POWER" でパワフルな効果を表現
- "FACE" で美顔器であることを分かりやすく

4. MEN'S AQUA SMOOTH

- "MEN'S" で男性向けであることを明確に
- "AQUA" で防水機能をアピール
- "SMOOTH" で滑らかな肌触りを表現

5. WATER PROOF FACE CARE

- "WATER PROOF" で防水機能を分かりやすく表現
- "FACE CARE" で美顔器であることを分かりやすく

はみだし 100%　一度の質問で回答を出力してもらうよりも、会話をしながら段階を踏んで質問すると不自然な回答が出力される可能性を下げることができます。

Section

29

Chapter 4　ビジネスや学習で活用しよう

キャッチコピーを考えてもらおう

キャッチコピーを考えてもらう

キャッチコピーは、対象の商品やサービスを魅力的に見せて、消費者に興味を抱かせるという重要な役割があります。商品の概要を説明して、ぴったりのフレーズを考えてもらいましょう。

指示

商品の概要やイメージなどを指定してどのようなキャッチコピーを考えてほしいかを入力します。

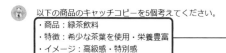

以下の商品のキャッチコピーを5個考えてください。
・商品：緑茶飲料
・特徴：希少な茶葉を使用・栄養豊富
・イメージ：高級感・特別感

条件を指定します。

回答

キャッチコピーが5つ表示されます。ターゲット層や、キーワード、希望する印象などといった情報を追加していくと、よりイメージに近いキャッチコピーが出力されます。

回答案を表示 ∨ 🔊

✦　**希少な茶葉と栄養豊富な緑茶飲料のキャッチコピー（5個）**

1. 一滴に宿る、極上の恵み。希少茶葉が奏でる、特別なお茶時間。

2. 心と体を満たす、至福のひととき。厳選された茶葉が織りなす、豊かな味わい。

3. 自然の恵みを凝縮した、希少な茶葉の奇跡。日々の活力となる、贅沢な一杯。

4. 五感を満たす、極上の緑茶体験。希少な茶葉が贈る、特別なひととき。

5. 厳選された茶葉が紡ぐ、至福の味わい。心と体を潤す、贅沢な緑茶飲料。

これらのキャッチコピーは、以下の点を意識して作成しました。

- 希少な茶葉を使用・栄養豊富という特徴を強調
- 高級感・特別感というイメージを喚起
- 短いフレーズで分かりやすく、印象に残る

指示に沿ったキャッチコピーが出力されます。

ターゲット層や販売チャネルに合わせて、最適なキャッチコピーを選んでみてください。

また、パッケージデザインや広告文言と合わせて、トータルでブランドイメージを訴求していくことも重要です。

はみだし 100%　上記に続けて「キャッチコピーをもう少し短くして」「2のキャッチコピーに〇〇を追加して」などと指定してブラッシュアップすることもできます。

Excel の操作方法を教えてもらおう

Excel の操作方法を教えてもらう

Gemini では、Excel や Word などといった Office アプリの操作方法を教えてもらうこともできます。ここでは、「Excel で日付を自動表示する方法」について質問します。

指示

Excel で行いたい内容を入力します。長文になる場合は、分割したり小出しにしたりして質問してもよいです。

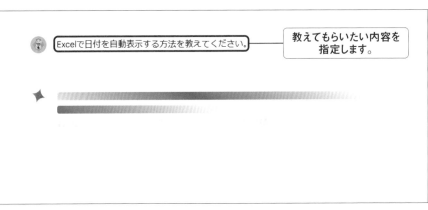

Excelで日付を自動表示する方法を教えてください。

教えてもらいたい内容を指定します。

回答

操作手順が出力されます。「ほかの方法を教えて」と入力して複数の操作方法を出してもらうこともできます。

Excelで日付を自動表示するには、主に以下の2つの方法があります。

手順が出力されます。

1. 関数を使う

1-1. TODAY関数

- 今日の日付をセルに自動表示したい場合は、**TODAY関数**を使います。
- 関数の引数は不要なので、セルに**=TODAY()**と入力するだけです。
- 入力後、Enterキーを押すと、今日の日付が自動的に表示されます。

1-2. DATE関数

- 特定の日付をセルに自動表示したい場合は、**DATE関数**を使います。
- DATE関数の引数は、年、月、日となります。
- 例えば、2024年4月24日をセルに表示したい場合は、セルに**=DATE(2024,4,24)** と入力します。
- 入力後、Enterキーを押すと、指定した日付が自動的に表示されます。

1-3. TEXT関数

- 日付を特定の書式で表示したい場合は、**TEXT関数**と組み合わせて使用します。
- 例えば、2024年4月24日を「2024/04/24」という書式で表示したい場合は、セルに **=TEXT(TODAY(),"yyyy/mm/dd")**と入力します。
- 入力後、Enterキーを押すと、指定した書式の文字列が表示されます。

2. 書式設定を使う

- セルの書式設定を変更することで、日付を自動表示することができます。
- セルを選択し、右クリックメニューから「セルの書式設定」を選択します。

はみだし 100%　Excel や Word だけでなく、Google スプレッドシートや Google ドキュメントを対象に同様の質問を行って回答を得ることもできます。

Chapter 4　ビジネスや学習で活用しよう

Excelの便利な技を教えてもらおう

Excelの便利な技を教えてもらう

Excelには覚えておくと便利な技が多数あります。ここでは、別の計算式の入力方法について紹介してもらいましょう。

指示

Excelで行いたい内容を入力します。「できるだけたくさん教えて」と入力してもよいです。

 Excelで「=」を使わずに計算式を入力する方法はありますか？ ┤ 教えてもらいたい内容を指定します。

回答

計算式を入力する別の方法を教えてくれます。また、Excelでの操作の手順が出力されます。

 Excelで「=」を使わずに計算式を入力 ┤ 計算式を入力する別の方法が出力されます。

Excelで「=」を使わずに計算式を入力するには、いくつかの方法があります。それぞれの特徴と具体的な手順を説明します。

1. 数式バーを使用する

- **方法1:**

  1. 計算式を入力したいセルをクリックします。
  2. ワークシート上部の「数式バー」に、直接計算式を入力します。
  3. Enterキーを押すと、計算を実行し、結果が選択したセルに表示されます。

- **方法2:**

  1. 計算式を入力したいセルをダブルクリックします。
  2. 数式バーがアクティブになります。
  3. 数式バーに直接計算式を入力します。
  4. Enterキーを押すと、計算を実行し、結果が選択したセルに表示されます。

2. セル参照と演算子を使用する

- イコール記号を使わずに、セル参照と演算子を直接セルに入力することができます。例えば、A1セルとB1セルの値を合計するには、目的のセルに **A1+B1** と入力します。

3. オートフィルを使用する

- オートフィル機能を使用して、計算式を範囲内にすばやく複製することができま...

はみだし 100% 　教えてもらった技の操作がうまく行えない場合は、「○○の操作手順を詳しく教えて」などと入力して教えてもらいましょう。

表やデータを作成してもらおう

イメージどおりの表のテンプレートを作ってもらう

手元にデータはあるけど、表をどのように作成したらよいかわからない場合には、Geminiに質問してみましょう。どのような項目が必要かといった参考例を出してくれます。

指示

ダミーデータを使って、作成してほしい表のテンプレートを指定します。P.73を参考に表にまとめてほしいデータを合わせて入力してもよいです。

> 試験の点数表のテンプレートを作成してください。数字や項目はダミーデータを使用してください。

作成したい表の内容を指定します。

回答

ここでは「ダミーデータを使用して」と指定していますが、何も指定しない場合は、データ記入の部分のみ空欄で出力されます。

試験の点数表テンプレート（ダミーデータ付き）

試験名： 数学テスト

試験日： 2024年4月24日

クラス： 3年A組

氏名： 山田 太郎

科目： 数学

項目	問題番号	得点	満点
小数	1	8	10
分数	2	9	10
割合	3	7	10
図形	4	9	10
統計	5	8	10
計		41	50
評点	82	100	

点数表が作成されます。

はみだし 100%　出力してもらった表やデータはExcelにコピー＆ペーストするか、Googleスプレッドシートにエクスポートして利用することができます。

表にするデータを調べて作表してもらう

調べたい事柄がある場合は、具体的に内容を指定してGeminiにデータを出してもらうことができます。「内容を表にして」「箇条書きにして」と指示すると、Excelで使えるデータにしてくれます。

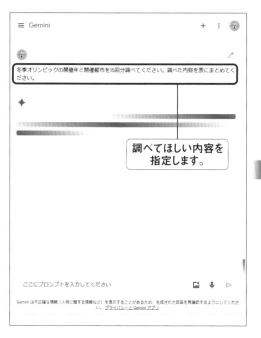

表に最適なグラフを選んでもらう

表にしたデータは、グラフにまとめると一目でわかりやすいです。グラフの作成手順を知りたい場合は、「Excelでの作成方法を教えて」と入力すると出力されます。

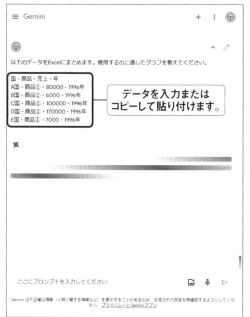

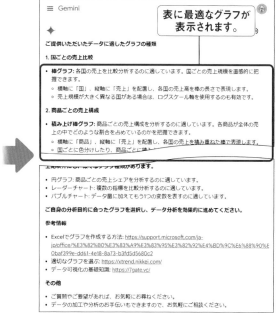

はみだし 100% 作成した表データがタブで区切られていなかった場合は、「上記のデータをタブ区切りにして」と指示すると、タブで区切られた表データが表示されます。

表のダミーデータを作ってもらう

ダミーデータは、サンプル資料や参考例などを作成するときに必要です。Geminiではダミーデータを指定された条件で作成してくれます。

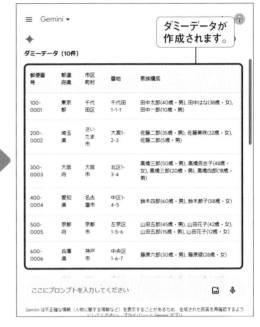

表のデータを結合してもらう

作成したデータやダミーデータは結合したり分割したりすることができます。ここでは、分別された住所を1つに結合します。

ダミーデータが似たようなデータが作成されてしまう場合は、「郵便番号をもっとランダムにしてください」「似たような住所が続かないようにしてください」などと入力してデータを作り直してください。

Chapter 4　ビジネスや学習で活用しよう

テキストデータを表データに整えてもらおう

テキストデータを表データに整えてもらう

手元にあるデータに統一性がなかったりうまくまとめられなかったりする場合は、Geminiに依頼して整理することができます。どのようにデータを整えてもらいたいのかを指定します。

指示

データと、どのように整理してほしいのかを入力します。詳しい個人情報や機密データは入力しないようにしましょう。

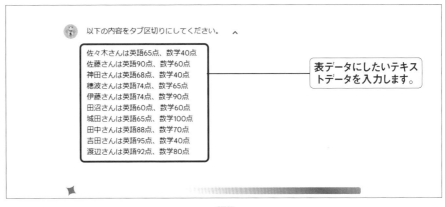

以下の内容をタブ区切りにしてください。

佐々木さんは英語65点、数学40点
佐藤さんは英語90点、数学60点
神田さんは英語68点、数学40点
穂波さんは英語74点、数学65点
伊藤さんは英語74点、数学90点
田沼さんは英語60点、数学60点
城田さんは英語65点、数学100点
田中さんは英語88点、数学70点
吉田さんは英語95点、数学40点
渡辺さんは英語92点、数学80点

→ 表データにしたいテキストデータを入力します。

回答

整理された表データが出力されます。

生徒名 英語 数学

佐々木さん	65	40
佐藤さん	90	60
神田さん	68	40
穂波さん	74	65
伊藤さん	74	90
田沼さん	60	60
城田さん	65	100
田中さん	88	70
吉田さん	95	40
渡辺さん	92	80

→ 表データが作成されます。

説明:

- 各行は1人の生徒のデータを表します。
- 生徒名は1列目に、英語の点数は2列目に、数学の点数は3列目に記載されています。
- 各列はタブ文字 (\t) で区切られています。
- ファイルの拡張子は .tsv とします。

例:

生徒名	英語	数学
佐々木さん	65	40

ここにプロンプトを入力してください

Gemini は不正確な情報（人物に関する情報など）を表示することがあるため、生成された回答を再確認するようにしてください。 プライバシーと Gemini アプリ

はみだし 100%　テキストデータだけでなく画像データから「この画像の内容を表にしてください」と指定することで、画像からテキストを抽出して表データを作成することができます。

Excel関数を記述してもらおう

Excel関数の使い方を教えてもらう

Excelを活用するにあたって、関数の種類や使い方は知っておいたほうがよいです。使い方がわからない関数は、積極的に質問しましょう。

指示

教えてもらいたい関数を指定します。概要や使用場面、例など聞きたいことを入力します。

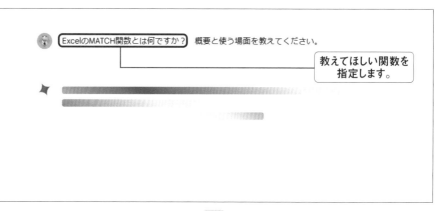

ExcelのMATCH関数とは何ですか？ 概要と使う場面を教えてください。

> 教えてほしい関数を指定します。

回答

どのような場面で使う関数なのか、何が求められるのか、などがわかります。

> 関数の概要と使う場面が出力されます。

ExcelのMATCH関数：概要と使用例

MATCH関数は、指定した値が検査範囲の中で何番目のセルに存在するかを調べる関数です。

書式

=MATCH(検査値, 検査範囲, 検索オプション)

引数

- **検査値**: 検索したい値
- **検査範囲**: 検査対象となるセル範囲
- **検索オプション**: 検査値の照合方法。省略した場合、完全一致検索となります。

検索オプション

- **0 (完全一致)**: 検査値と完全に一致するセルを検索します。
- **1 (前方一致)**: 検査値で始まるセルを検索します。
- **-1 (後方一致)**: 検査値で終わるセルを検索します。
- **>0 (大なり一致)**: 検査値より大きい値を持つ最初のセルを検索します。
- **<0 (小なり一致)**: 検査値より小さい値を持つ最後のセルを検索します。

使用例

1. 商品リストから商品コードを検索

はみだし 100%　上記のあとに「関数式の例を作成して」「使用するうえでの注意点を教えて」と入力して理解を深めたり、自分で関数式を書いてチェックしてもらったりして学ぶことができます（P.77参照）。

やりたいことをExcelの関数式で記述してもらう

Excelで作業しているときに、行いたいことがあるのに関数式がわからないことがあると思います。そのようなときは、Geminiに関数式を教えてもらうことができます。

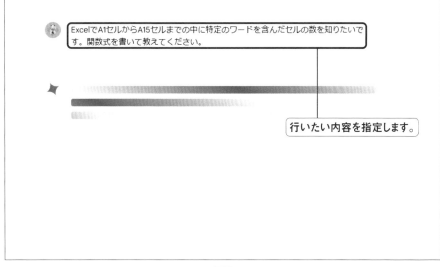

指示

Excelの関数式で行いたい内容を具体的に指定すると、正確性が高くなります。

> ExcelでA1セルからA15セルまでの中に特定のワードを含んだセルの数を知りたいです。関数式を書いて教えてください。

行いたい内容を指定します。

回答

使用する関数、作成された関数式、作成方法などが出力されます。このあとに「どのように応用できる？」「複数の条件を追加したい場合はどうするの？」などと入力するとスムーズに回答されます。

指定した内容の関数式や、応用の方法などを教えてくれます。

ExcelでA1セルからA15セルまでの範囲で、特定のワードを含んだセルの数を数えるには、**COUNTIF関数**を使用します。

COUNTIF関数の書式

=COUNTIF(範囲, 検索条件)

引数

- **範囲:** カウント対象となるセル範囲
- **検索条件:** カウントしたい条件を記述した文字列

例

A1セルからA15セルまでの範囲で、「りんご」というワードを含むセルの数を数えるには、以下の式を使用します。

=COUNTIF(A1:A15, "*りんご*")

解説

- A1:A15 は、カウント対象となるセル範囲を指定します。
- "*りんご*" は、カウントしたい条件を記述した文字列です。ワイルドカード * を使用することで、「りんご」を含むすべてのセルをカウントすることができます。

ここにプロンプトを入力してください

Gemini は不正確な情報（人物に関する情報など）を表示することがあるため、生成された回答を再確認するようにしてください。 プライバシーと Gemini アプリ

はみだし 100% 出力された関数をコピーして、Excelのセルや数式バーに直接ペーストすることで、かんたんに利用できます。

VLOOKUP 関数の記述を手伝ってもらう

Excelで行いたい操作内容がある場合は、Geminiに手伝ってもらうことができます。ここでは、VLOOKUP関数の記述を手伝ってもらいます。

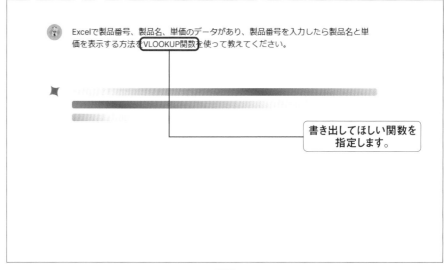

指示

Excelの関数式で行いたい内容と書き出してほしい関数を具体的に指定します。

Excelで製品番号、製品名、単価のデータがあり、製品番号を入力したら製品名と単価を表示する方法をVLOOKUP関数を使って教えてください。

書き出してほしい関数を指定します。

回答

操作手順が表示されます。実際にExcelを使用して手順に従って試してみましょう。

Excelでの操作手順が出力されます。

製品番号を入力して製品名と単価を表示

セルB2に製品番号「S1-002」を入力し、セルC2とD2に製品名と単価を表示するには、以下の式を使用します。

セルC2:

```
=VLOOKUP(B2, A:D, 2, 0)
```

セルD2:

```
=VLOOKUP(B2, A:D, 3, 0)
```

解説

- セルB2に入力された製品番号 (S1-002) を **検索値** として使用します。
- A列からD列までの範囲 (A:D) を **検査範囲** として使用します。
- 製品名を取得したい場合は **列番号2**、単価を取得したい場合は **列番号3** を指定します。
- 完全一致検索を行うため、**検索オプション** は 0 を指定します。

補足

- 製品番号と製品名・単価の表が別シートにある場合は、シート名を指定する必要があります。例： =VLOOKUP(B2, [製品情報表]!A:D, 2, 0)
- 検索値が複数回一致する場合は、最初の値のみが返されます。重複する製品番号が

ここにプロンプトを入力してください

Gemini は不正確な情報（人物に関する情報など）を表示することがあるため、生成された回答を再確認するようにしてください。 プライバシーと Gemini アプリ

はみだし 100% Excelで行いたい操作内容が指定の関数で行えない場合は、使用できる別の関数とその手順が出力されます。

Excel VBAの使い方を教えてもらおう

Excel VBAの使い方を教えてもらう

VBAとは、「Visual Basic for Application」の略称であり、Microsoft Office製品で使用される拡張機能です。 VBAを使用することでExcelで行われる業務の効率化が実現可能です。

質問

教えてもらいたい内容を指定します。概要やVBAを使ってできる操作、例など聞きたいことを入力します。

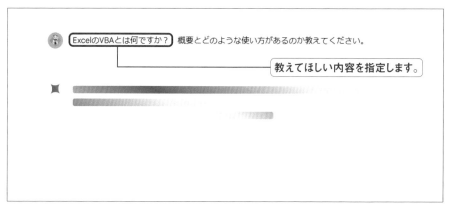

ExcelのVBAとは何ですか？ 概要とどのような使い方があるのか教えてください。

教えてほしい内容を指定します。

回答

VBAとは何か、Excelではどのような使い方があるのか、などがわかります。

概要と使い方が出力されます。

回答案を表示 ∨ 🔊

Excel VBAの概要と使い方

VBA（Visual Basic for Applications） は、Microsoft Office製品に搭載されているプログラミング言語です。Excel以外にも、WordやPowerPointなどでも利用できます。VBAを使用すると、Excelの機能を拡張したり、自動化したりすることができます。

VBAの特徴

- **マクロ作成:** 繰り返し行う作業を自動化することができます。
- **複雑な処理:** 関数では難しい複雑な処理を記述することができます。
- **ユーザーフォーム作成:** ユーザーインターフェースを作成し、ユーザーからの入力を受け付けたり、処理結果を表示したりすることができます。
- **外部プログラムとの連携:** Excel以外のプログラムと連携して、データ分析や処理を行うことができます。

VBAの使い方

VBAを使用するには、以下の手順が必要です。

1. **Visual Basic Editor（VBE）を開く:** Altキーを押しながらF11キーを押します。
2. **モジュールを作成する:** VBEの左側のツリービューで「挿入」メニューから「モジュール」を選択します。
3. **VBAコードを記述する:** モジュールの編集ウィンドウにVBAコードを記述します。
4. **マクロを実行する:** マクロを実行するには、VBEのツールバーにある「実行」ボタンをクリックするか、ショートカットキー（F5キー）を押します。

はみだし 100%　上記に続けて「実用的な例を出して」「向いていない作業は何があるの？」などと質問を重ねていって、理解を深めましょう。

やりたいことをExcel VBAで記述してもらう

Excel VBAで行いたいことがあるのに、どのようなコードを書いたらよいのかがわからない場合は、Geminiにコードを教えてもらうことができます。

指示

Excel の VBA で行いたい内容を具体的に指定すると、コードの正確性が高くなります。

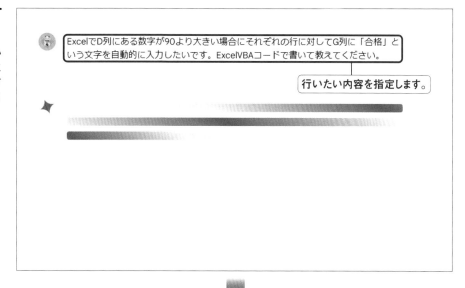

ExcelでD列にある数字が90より大きい場合にそれぞれの行に対してG列に「合格」という文字を自動的に入力したいです。ExcelVBAコードで書いて教えてください。

行いたい内容を指定します。

回答

指定した内容に作成されたコードのほか、Excelでの操作方法などが出力されます。

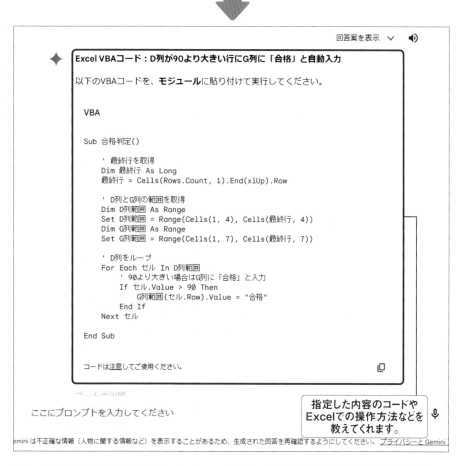

回答案を表示 ⌄ 🔊

Excel VBAコード：D列が90より大きい行にG列に「合格」と自動入力

以下のVBAコードを、**モジュール**に貼り付けて実行してください。

VBA

```
Sub 合格判定()

    ' 最終行を取得
    Dim 最終行 As Long
    最終行 = Cells(Rows.Count, 1).End(xlUp).Row

    ' D列とG列の範囲を取得
    Dim D列範囲 As Range
    Set D列範囲 = Range(Cells(1, 4), Cells(最終行, 4))
    Dim G列範囲 As Range
    Set G列範囲 = Range(Cells(1, 7), Cells(最終行, 7))

    ' D列をループ
    For Each セル In D列範囲
        ' 90より大きい場合はG列に「合格」と入力
        If セル.Value > 90 Then
            G列範囲(セル.Row).Value = "合格"
        End If
    Next セル

End Sub
```

コードは注意してご使用ください。

ここにプロンプトを入力してください

指定した内容のコードやExcelでの操作方法などを教えてくれます。

Gemini は不正確な情報（人物に関する情報など）を表示することがあるため、生成された回答を再確認するようにしてください。 プライバシーと Gemini

はみだし 100%　コードの目的や要望、条件などを入力することで、よりクオリティの高いコードが作成されます。なお、使用する場合は自己責任となるので、事前にテストを行うなど内容を確認してから使用してください。

／ 自分の書いた VBA コードを修正してもらう

自分の書いたExcel VBA コードの内容をチェックしてもらうことができます。誤っている箇所と正しいコードの内容を教えてくれます。

指示

使用する際にうまく作動しなかったりエラーが出たりしてしまったときは、「チェックして」「修正して」などと依頼すれば内容を確認してもらえます。

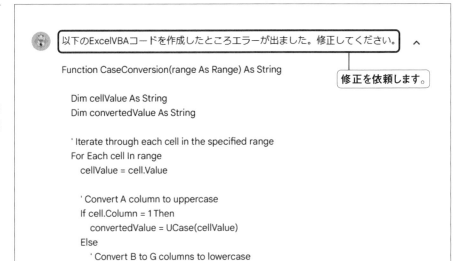

以下のExcelVBAコードを作成したところエラーが出ました。修正してください。

> 修正を依頼します。

```
Function CaseConversion(range As Range) As String

    Dim cellValue As String
    Dim convertedValue As String

    ' Iterate through each cell in the specified range
    For Each cell In range
        cellValue = cell.Value

        ' Convert A column to uppercase
        If cell.Column = 1 Then
            convertedValue = UCase(cellValue)
        Else
            ' Convert B to G columns to lowercase
            convertedValue = LCase(cellValue)
        End If
```

回答

入力したコードの内容を確認して、誤っている箇所と正しいコードを教えてくれます。

The error in your VBA code likely occurs because the `CaseConversion` function is defined as returning a `String` value, but the code doesn't explicitly return any value within the function body. Here's the corrected code:

```VBA
Function CaseConversion(range As Range) As String

    Dim cellValue As String
    Dim convertedValue As String

    ' Iterate through each cell in the specified range
    For Each cell In range
        cellValue = cell.Value

        ' Convert A column to uppercase
        If cell.Column = 1 Then
            convertedValue = UCase(cellValue)
        Else
            ' Convert B to G columns to lowercase
            convertedValue = LCase(cellValue)
        End If

        ' Set the converted value back to the cell
        cell.Value = convertedValue
    Next cell

    ' Explicitly return an empty string since it's a void function
    CaseConversion = ""

End Function
```

コードは注意してご使用ください。

> 正しいコードを教えてくれます。

はみだし 100% コード修正を依頼する際に、エラーが出たときの状況やエラー内容を入力するとより精度の高い回答を得られます。

複雑なVBAコードを分析してもらう

手元にあるコードがどのような内容なのかがわからない場合は、Geminiに分析してもらいましょう。

指示

分析してほしいコードを入力します。

 以下のExcelVBAコードの構造がわかりません。分析して教えてください。

分析を依頼します。

```
Function CaseConversion(range As Range) As String

    Dim cellValue As String
    Dim convertedValue As String

    ' Iterate through each cell in the specified range
    For Each cell In range
        cellValue = cell.Value

        ' Convert A column to uppercase
        If cell.Column = 1 Then
            convertedValue = UCase(cellValue)
        Else
            ' Convert B to G columns to lowercase
            convertedValue = LCase(cellValue)
        End If
```

回答

Excelでどのような操作を実行するコードなのか、どのような構造か、といったことがわかります。

 構造分析: Excel VBA コード - CaseConversion 関数

このVBAコードは、**ユーザー定義関数 (UDF)** であり、指定された範囲内のセルに対して文字列変換を行うものです。

関数名と戻り値:

- `Function CaseConversion(range As Range) As String`
  - `CaseConversion`：関数名
  - `(range As Range)`：関数への引数。 `range` は `Range` オブジェクトで、変換対象のセル範囲を表します。
  - `As String`：関数によって返される値の型。この場合は `String` 型 (文字列) です。

コードの構造や内容を教えてくれます。

変数の宣言:

- `Dim cellValue As String`
  - `cellValue`：現在処理しているセルの値を格納する変数 (String 型)
- `Dim convertedValue As String`
  - `convertedValue`：変換後の値を一時的に格納する変数 (String 型)

ループ処理 (For Each):

- `For Each cell In range`
  - `range` 内の各セルに対して、以下のような処理を繰り返し実行します。

セル値の取得と変換:

はみだし 100%　「短縮して書き直して」「○○を追加して書き直して」と入力すると、内容はそのままで新しいコードを作成してくれます。

プログラミングでの活用に役立てよう

かんたんなプログラムを作ってもらう

プログラミング言語や内容などを指定して、プログラムを作成してもらうこともできます。「Python」「Java」「C++」「JavaScript」「Google Apps Script」「Go」などのプログラミング言語を取り扱えます。

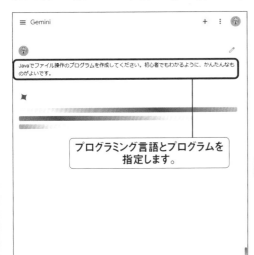

プログラミングの問題を出題してもらう

プログラングの問題を出題してもらうことで、プログラミングの勉強に役立てることもできます。おすすめの学習サイトや参考書なども聞いて学習に役立てましょう。

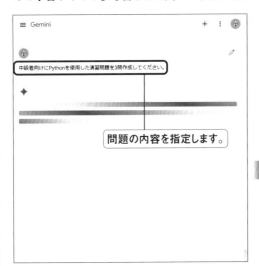
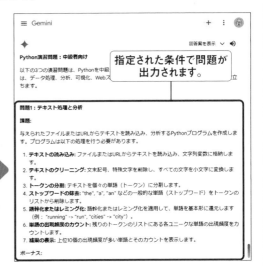

はみだし100%　出力されたプログラムは、正確性と信憑性に欠く場合があります。使用する場合は自己責任となるので、必ずテストを行うなどして内容を再確認してください。

Section

37

Chapter 4　ビジネスや学習で活用しよう

パソコンの操作方法を
教えてもらおう

パソコンの便利な技を教えてもらう

パソコンやアプリケーションなどで実行できる便利な技を Gemini に教えてもらうことができます。

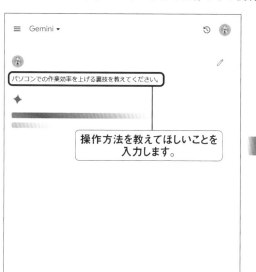

操作方法を教えてほしいことを
入力します。

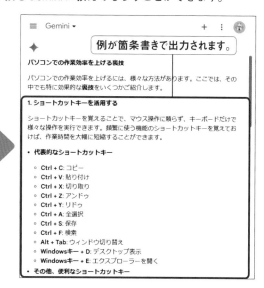

例が箇条書きで出力されます。

パソコンのエラーコードを調べてもらう

表示されたエラーメッセージやエラーコードについて質問すると、そのエラーの意味と対処法を教えてくれます。

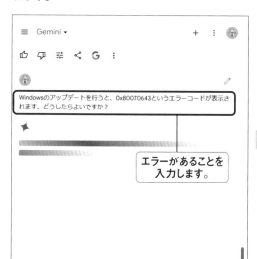

エラーがあることを
入力します。

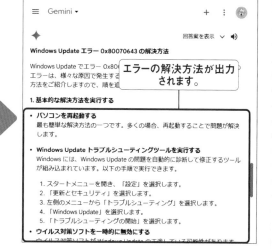

エラーの解決方法が出力
されます。

はみだし
100%
P.83の下の例ではエラーコードを入力していますが、表示されたエラーメッセージをそのまま入力したり、
できない操作を具体的に聞いたりすることでも対処法を教えてくれます。

Section 38

英語の学習に役立てよう

チャットで英会話の相手になってもらう

通常、英会話には相手が必要ですが、Geminiに英会話レッスンの相手になってもらうこともできます。「ショッピング」「空港」といった実際のシチュエーションが設定可能です。

指示

会話の相手をしてほしい旨を伝えます。日本語以外の言語で入力しても、こちらの言語に合わせて返答してくれます。

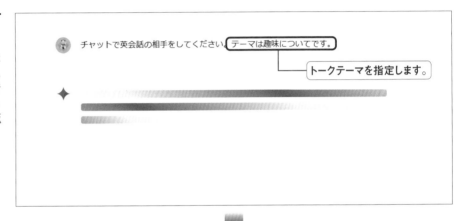

チャットで英会話の相手をしてください。テーマは趣味についてです。

トークテーマを指定します。

回答

早速会話を始めましょう。単語がわからなかったり文法がわからなかったりした場合は、日本語で入力すれば、日本語で返答してもらえます。

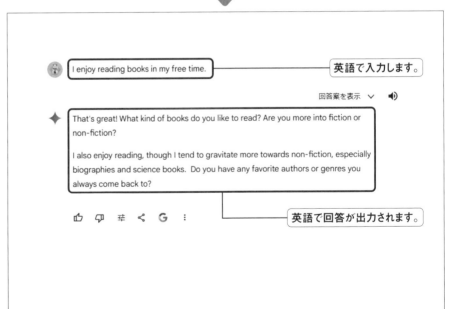

I enjoy reading books in my free time.

英語で入力します。

回答案を表示 ∨

That's great! What kind of books do you like to read? Are you more into fiction or non-fiction?

I also enjoy reading, though I tend to gravitate more towards non-fiction, especially biographies and science books. Do you have any favorite authors or genres you always come back to?

英語で回答が出力されます。

はみだし 100% 英語による音声入力を行う場合は、「設定」アプリで [時刻と言語] → [言語と地域] の順にクリックし、「英語（米国）」の … → [言語のオプション] → 「基本的な音声認識」の [ダウンロード] の順にクリックします。

試験勉強に役立てよう

試験の問題を出題してもらう

Geminiは、学校での試験勉強や資格試験の勉強にも活用できます。問題を作成してもらうほか、答えを解説してもらうことも可能です。

指示

どのような問題を出題してほしいのか、具体的に入力します。

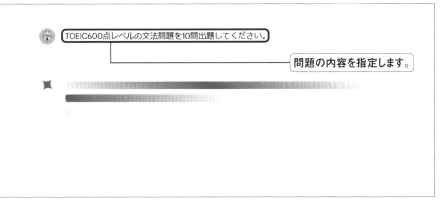

TOEIC600点レベルの文法問題を10問出題してください。

問題の内容を指定します。

回答

問題や回答のほか、解説も表示してもらえます。

回答案を表示 ⌄ 🔊

TOEIC 600点レベル 文法問題 10問

問題1:

The company ___(A)__ to expand its operations into new markets.

(A) is planing
(B) plans
(C) planned
(D) is planning

問題2:

I was ___(A)__ by her honesty and sincerity.

(A) impressed
(B) impressing
(C) impress
(D) impression

問題3:

The new software is designed to ___(A)__ user productivity.

(A) improve
(B) improving
(C) improvement
(D) improved

問題が10問出力されます。

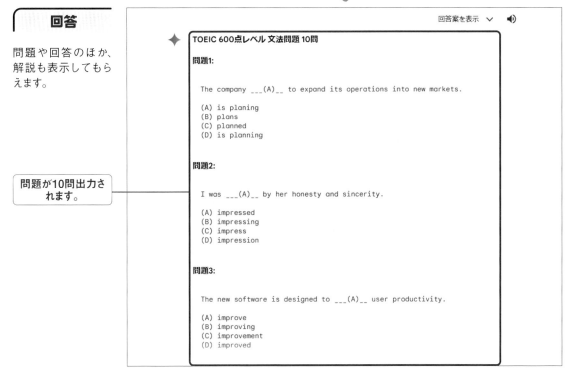

はみだし 100%　試験問題を作成してもらうほか、わからない問題や用語について解説してもらったり、それらについてさらに質問したりすることで理解が深まります。

面接の練習相手に なってもらおう

チャットで面接の練習相手になってもらう

相手がいないとできないような面接練習も、Geminiに依頼することができます。職種や業界などを指定すると、面接で聞かれそうな質問をまとめてくれます。

指示

面接の練習をしたい旨を伝えて、シチュエーションを指定します。

営業職の面接があるので練習したいです。面接官役になって、私に質問してください。

役割を与えます。

回答

面接で聞かれそうな質問とその回答例が表示されます。

質問が出力されます。

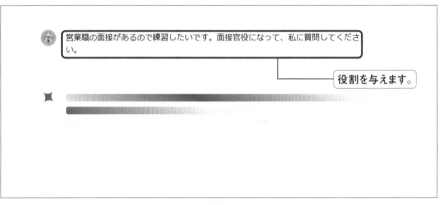

営業職面接練習：質問と回答例

営業職の面接に向けて、以下の質問と回答例を用いて練習してみましょう。

一般的な質問：

1. 自己紹介と、この職種への興味についてお聞かせください。

- 私は、○○大学で○○を専攻し、卒業後は○○株式会社で営業職として3年間勤務しました。前職では、主に法人向けソフトウェアの営業を担当し、年間目標を達成するなど、一定の成果を収めました。貴社の○○という事業に強い関心があり、これまでの経験とスキルを活かして、貴社に貢献したいと考えております。

2. 当社と製品・サービスについて、どのようなことをご存じですか？

- 貴社は、○○業界におけるリーディングカンパニーであり、特に○○製品・サービスで高いシェアを誇っていることを認識しております。また、近年は○○分野への積極的な進出も目覚ましく、業界の注目を集めていると伺っております。

3. なぜこの職種に適任であるとお考えですか？

- 前職での営業経験に加え、私は高いコミュニケーション能力と熱意を持ち合わせております。また、常に向上心を持って学習し、新しい知識やスキルを積極的に習得する姿勢があります。これらの強みを活かして、貴社の目標達成に貢献できると確信しております。

はみだし 100%　2024年6月現在では、1対1で交互に対話するような面接練習はできません。質問例や回答例を参考にする形で利用するとよいでしょう。

Chapter 5

スマートフォンで
活用しよう

Androidスマートフォンで Geminiを使おう

「Gemini」アプリに切り替える

Androidスマートフォンでは、「Gemini」アプリをインストールすると標準のアシスタントアプリを「Googleアシスタント」アプリから「Gemini」アプリに切り替えることができます。ここでは、切り替える方法を紹介します。

❶ Geminiを起動する

Androidスマートフォンであらかじめ「Gemini」アプリをインストールしておきます。ホーム画面で [Gemini] をタップします。

❷ Geminiに切り替える

「GoogleアシスタントからGeminiに切り替える」画面が表示されるので、[切り替える] をタップします。

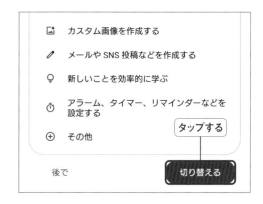

❸ 利用規約に同意する

Geminiの操作や利用規約をよく読み、[同意する] をタップします。

❹ Geminiの画面が表示される

Geminiの画面が表示されます。以降は、手順❶の画面でGeminiを起動すると、このチャット画面が表示されます。

はみだし 100%　Googleアシスタントをもとに戻したい場合は、「Gemini」アプリの右上のアイコンをタップし、[設定] →
[Googleのデジタルアシスタント] → [Googleアシスタント] の順にタップします。

iPhoneでGeminiを使おう

「Google」アプリをインストールする／起動する

iPhoneでGeminiを使いたい場合は、「Google」アプリをインストールして、そのアプリ内でGemini を使うことができます。

① Googleを起動する

iPhoneであらかじめ「Google」アプリをインストールしておきます。ホーム画面で[Google]をタップします。

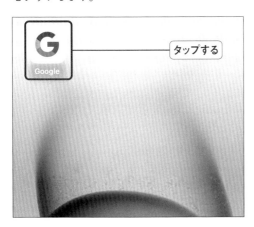

タップする

② Googleアカウントでログインする

初回は[ログイン]をタップし、画面に指示に従ってGoogleアカウントでログインします。

Google にログイン

1度のログインで各種 Google サービスに
アクセスできます

ログイン

ログアウト状態を保持する

タップする

③ Geminiの画面に移動する

画面上部の✦（「Gemini」タブ）をタップします。初めて Gemini を表示する場合は「Gemini へようこそ」画面が表示されるので、規約をよく読み[同意する]をタップします。

G 検索

タップする

Google

Q 検索

ギャラリー　翻訳　宿題　歌う

④ Geminiの画面が表示される

Geminiの画面が表示されます。

おはよう

上司宛てに謝罪のメー　新しくウォータースポ
ルを書いて　　　　　　ーツを始めたい

最近　　　　　　　　　　　　　　　＞

パソコン作業効率アップの裏技5選

生徒の成績（タブ区切り）

アプリ版*Gemini*の画面構成を確認しよう

アプリ版Geminiの画面構成

アプリ版のGeminiを起動すると、以下のチャット画面が起動します。

● プロンプト入力前の画面

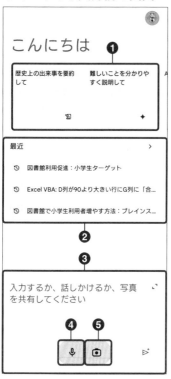

● プロンプト入力後の画面

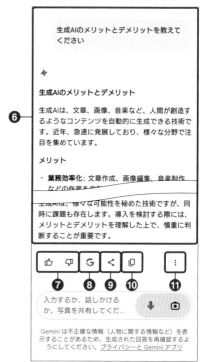

❶例文	プロンプトに入力する例文が表示されます。
❷チャットの履歴	過去のチャットが表示されています。
❸入力するか、話しかけるか、写真を共有してください	テキストを入力するフィールドです。タップしてプロンプトを入力し、▷をタップすると、送信されます。
❹音声入力	タップすると、音声で入力ができます。
❺画像のアップロード	タップすると、画像（写真）について質問することができます。

❻プロンプトと回答	送信したプロンプトと回答が表示されます。
❼回答の評価	👍をタップすると良い回答、👎をタップすると悪い回答と評価できます。
❽回答の再確認	回答の内容をチェックできます。
❾共有	出力された回答を共有できます。
❿コピー	出力された回答をコピーできます。
⓫その他	出力された回答をエクスポートしたり、書き換えたりできます。

はみだし 100% パソコンと同じGoogleアカウントでログインすれば、チャットの履歴は共有されます。パソコンでの履歴をスマートフォンで参照したり、スマートフォンでの履歴をパソコンで利用したりすることができます。

Chapter 5　スマートフォンで活用しよう

Geminiに質問してみよう

Geminiに質問する

チャット画面下部の「入力するか、話しかけるか、写真を共有してください」と表示されている入力フィールドをタップし、プロンプト（質問）を入力して、▷をタップすると、入力した内容が送信され、回答が出力されます。

1 Geminiを起動する

Geminiを起動して、「入力するか、話しかけるか、写真を共有してください」をタップします。

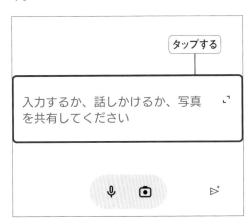

タップする

入力するか、話しかけるか、写真を共有してください

2 プロンプトを入力する

プロンプトを入力して、▷をタップします。

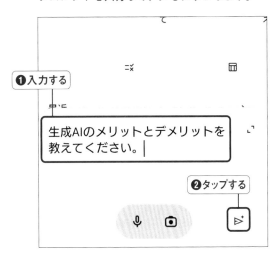

❶入力する

生成AIのメリットとデメリットを教えてください。

❷タップする

3 プロンプトが送信される

プロンプトが送信されます。

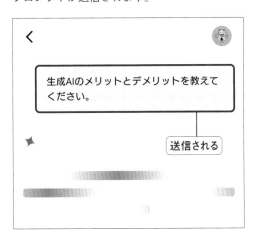

生成AIのメリットとデメリットを教えてください。

送信される

4 回答が出力される

回答が出力されます。

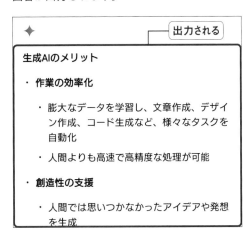

出力される

生成AIのメリット

・作業の効率化
　・膨大なデータを学習し、文章作成、デザイン作成、コード生成など、様々なタスクを自動化
　・人間よりも高速で高精度な処理が可能
・創造性の支援
　・人間では思いつかなかったアイデアや発想を生成

音声入力で質問する

スマートフォンの音声認識機能を使って、Geminiに質問することができます。🎤をタップして、マイクに向かって話すと回答が出力されます。

① Geminiを起動する

Geminiを起動して、🎤をタップします。

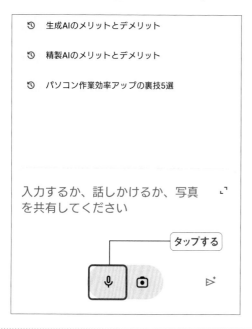

② 音声でプロンプトを入力する

マイクに向かって話しかけてプロンプトを入力し、▷をタップします。

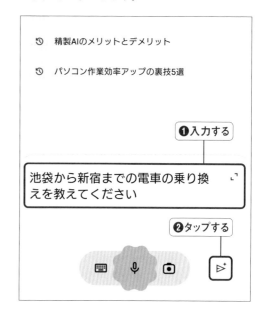

③ プロンプトが送信される

プロンプトが送信されます。

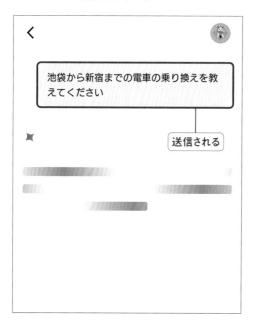

④ 回答が出力される

回答が出力されます。

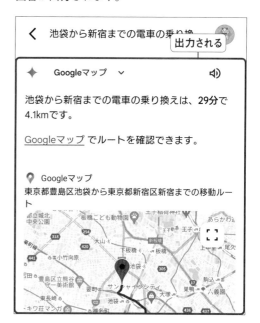

| はみだし 100% | Googleマップの出力には位置情報機能をオンにしておく必要があります。「設定」アプリから位置情報をオンにしておきましょう（機種によって操作が異なります）。 |

写真を使って質問する

スマートフォンに保存された写真や撮影した写真を使って、わからないことを調べたり、質問したりすることができます。

① Gemini を起動する

Gemini を起動して、📷 をタップします。

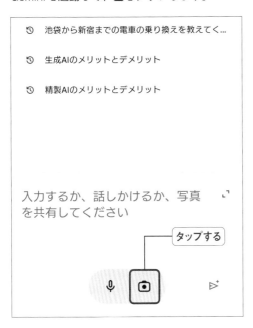

② 写真を選択する

🖼 をタップし、写真を選択して、[添付] をタップします。

③ プロンプトを入力する

プロンプトを入力して、▷ をタップします。

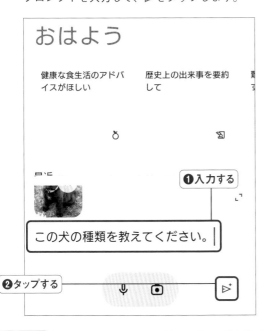

④ 回答が出力される

回答が出力されます。

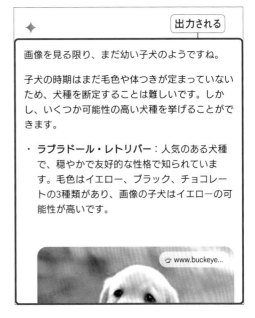

メールを生成して送信しよう

メールを生成して送信する

「Gemini」アプリでメールの文章を考えてもらうことができます。文章が生成されたら、共有画面から
メールを開き、手直しをしてから送信しましょう。

① プロンプトを入力する

Gemini を起動して、「入力するか、話しかける
か、写真を共有してください」をタップし、プ
ロンプトを入力して、▷ をタップします。

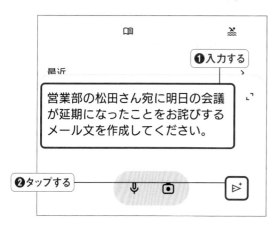

② 回答が出力される

回答が出力されます。 ⌒ をタップします。

> 件名：【会議延期のお詫び】明日のXX会議につ
> いて
>
> 松田様
>
> 大変申し訳ございませんが、明日のXX会議を延
> 期させていただきたくご連絡いたしました。
>
> 【延期理由】
> ...example/out-office
> /nitei10.html
>
> 以上を踏まえ、松田さん宛てのメール文を作成し
> てみてください。
>
> 👍　👎　G　[⌒ タップする]　❏　⋮

③ 共有する

共有方法を選択してタップします。ここでは、
[Gmail] をタップします。

④ メールに文章が共有される

出力された回答が、そのまま新規作成メールの
本文に貼り付けられます。手直しをしてから、
メールを送信しましょう。

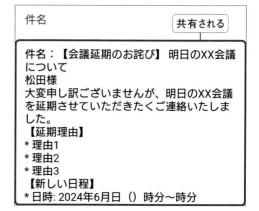

はみだし 100%　出力された回答は、メールアプリ以外にSNSアプリやクラウドサービスアプリにも共有することができま
す。

Section

46

Chapter 5　スマートフォンで活用しよう

スマートフォンの操作を
Geminiに行ってもらおう

スマートフォンの操作をGeminiに行ってもらう

Androidスマートフォンの「Gemini」アプリでは、「Googleアシスタント」アプリと同様にスマートフォンの操作を代わりに行ってもらうことが可能です。ここでは、Geminiにアラームをセットしてもらいましょう。

① プロンプトを入力する

プロンプトを入力して、▷をタップします。

② スマートフォンが操作される

プロンプト内容に合わせて、スマートフォンを操作（ここではアラーム設定）してくれます。

③ プロンプトを入力する

アラームを削除する場合も同様です。プロンプトを入力して、▷をタップします。

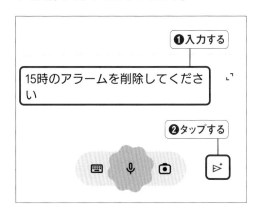

④ スマートフォンが操作される

プロンプト内容に合わせて、スマートフォンが操作され、アラームが削除されました。

はみだし
100%
2024年6月現在では、リマインダーや家電操作の機能は、まだGeminiで行うことができません。それらを行いたい場合は、P.88を参考にGoogleアシスタントをもとに戻しましょう。

お問い合わせについて

本書に関するご質問については、本書に記載されている内容に関するもののみとさせていただきます。本書の内容と関係のないご質問につきましては、一切お答えできませんので、あらかじめご了承ください。また、電話でのご質問は受け付けておりませんので、必ず FAX か書面にて下記までお送りください。
なお、ご質問の際には、必ず以下の項目を明記していただきますようお願いいたします。

1 お名前
2 返信先の住所または FAX 番号
3 書名
　「Google Gemini　無料で使える AI アシスタント　100% 活用ガイド」
4 本書の該当ページ
5 ご使用の OS と Web ブラウザ
6 ご質問内容

なお、お送りいただいたご質問には、できる限り迅速にお答えできるよう努力いたしておりますが、場合によってはお答えするまでに時間がかかることがあります。また、回答の期日をご指定なさっても、ご希望にお応えできるとは限りません。あらかじめご了承くださいますよう、お願いいたします。ご質問の際に記載いただきました個人情報は、回答後速やかに破棄させていただきます。

■ お問い合わせの例

FAX

1 お名前
　技術　太郎
2 返信先の住所または FAX 番号
　03-XXXX-XXXX
3 書名
　Google Gemini
　無料で使える AI アシスタント
　100% 活用ガイド
4 本書の該当ページ
　44 ページ
5 ご使用の OS と Web ブラウザ
　Windows 11
　Microsoft Edge
6 ご質問内容
　手順 3 の画面が表示されない

お問い合わせ先

〒 162-0846　東京都新宿区市谷左内町 21-13
株式会社技術評論社　書籍編集部
「Google Gemini　無料で使える AI アシスタント　100% 活用ガイド」質問係
FAX 番号：03-3513-6167 ／ URL：https://book.gihyo.jp/116

Google Gemini
グーグル　ジェミニ
無料で使えるAIアシスタント　100%活用ガイド
むりょう　つか　　エーアイ　　　　　　　　　　　　　かつよう

2024 年 7 月 23 日　初版　第 1 刷発行

著者	リンクアップ	
発行者	片岡　巌	
発行所	株式会社 技術評論社	
	東京都新宿区市谷左内町 21-13	
電話	03-3513-6150　販売促進部	
	03-3513-6160　書籍編集部	
編集	リンクアップ	
装丁	リンクアップ	
本文デザイン・DTP	リンクアップ	
担当	田中　秀春	
製本／印刷	TOPPAN クロレ株式会社	

定価はカバーに表示してあります。

ISBN978-4-297-14265-0 C3055
Printed in Japan